美好生

日常器皿

暮らし図鑑 うつわ

前言

各式各樣的事與物，構成了我們的生活。自己親手選擇的物件，讓我們的日常生活更加多彩多姿。

「美好生活提案」為了想要入手美好物件，並生活得更符合自我風格的讀者量身打造。以圖像化的方式彙集了使用上的巧思，及了解後能更享受選物樂趣的基礎知識。

跳脫制式化的教條，若想培養自己對事物的鑑賞眼光，滿滿重點都凝縮在這一本中。

本書的主題是「日常器皿」。它們是能夠讓每天的用餐時光更加豐富而愉悅的存在，以出自作家老師之手的器皿為中心，將其魅力與樂趣介紹給讀者們。

目錄

前言 3

1 更享受器皿樂趣的生活

選 選擇器皿 14

盛 盛裝於器皿 30

住 住居中的器皿 44

贈 贈送器皿 54

季 加入季節感的心意 62

集 蒐集的樂趣 74

旅 探尋器皿之旅 86

2 在藝廊備受注目的推薦作家55人

其一

岳中爽果 102
高坂千春 104
久保田健司 106
Yano Sachiko 108
落合芝地 109
奥絢子 110
山本領作 112
高須健太郎 114
松塚裕子 116
伊藤丈浩 118
寺村光輔 119
阿部慎太朗 120
武曾健一 122
土本訓寛・久美子 124
富本大輔 126
池本惣一 127
小林裕之・希 128
坂田裕昭 129
渡邊葵 130
矢萩譽大 132
Tomoya Kounosu 134
村上修一 136
廣川溫 138
山下秀樹 140
横田翔太郎 141
宮田龍司 142
矢口桂司 143
池田大介 144

其二

中町 Izumi 174
松本郁美 176
藤崎均 178
矢島操 180
余宮隆 182
伊藤聰信 184
杉本太郎 186
日高直子 187
安齋新・厚子 188
崔在皓 189
山田隆太郎 190
岸野寛 191
吉岡將貳 192
岩館隆・巧 193
富山孝一 194
中山孝志 195
阿部春彌 196
稲村真耶 198
岡田直人 200
増渕篤宥 202
西山芳浩 204
生島明水 205
宮岡麻衣子 206
古賀雄二郎 207
Kazua Oba 208
清水 Naoko 209
古川櫻 210

3 能更享受於器皿挑選的基礎知識

其一
器皿的大小 146
各部位的名稱 147
器皿的形狀與名稱 148
器皿的材質 156
釉藥是什麼 161
景色是什麼 163
繪付是什麼 164
各式各樣的技法 166
文樣的種類 170

其二
日本器皿的歷史 212
器皿的這些那些小知識 218

● 協力藝廊 224
● 作家作品銷售店家索引 227

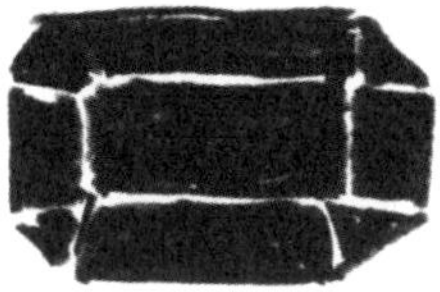

SWEETS

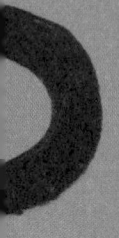

1 更享受器皿樂趣的生活

在日常生活中總是與我們同在的「器皿」。

雖然是「需要使用的日用品」，但若是找到自己喜歡的品項，並且配合不同的料理與季節，享受變換組合的樂趣，一定能讓生活更加多彩多姿。

每個人對於器皿的偏好與生活方式皆有不同。要如何找到屬於自己的「與器皿相伴的生活方式」呢？就讓藝廊的店主們一起來回答。

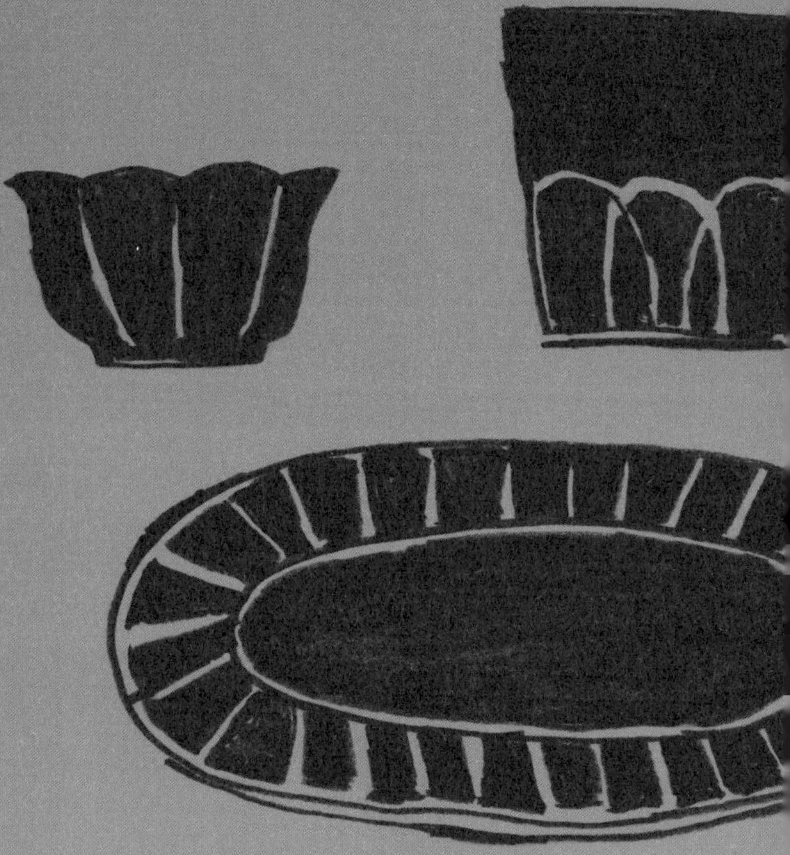

監修・攝影：P014 ～ P053
「器皿 百福」
店主 田邊玲子

監修・攝影：P054 ～ P061
「生活的器皿 花田」
店主 松井英輔

監修・攝影：P062 ～ P099
「KOHARUAN」
店主 Hiro Haruyama

選擇器皿

選擇器皿沒有一定的規則。首先先把第一眼就被吸引住的物件拿起來看看吧。「好想使用它看看」的心情是很重要的。不管是杯子還是盤子，如果帶了喜歡的器皿回家，就試著拿它來裝點茶，或是盛放點配菜看看吧。

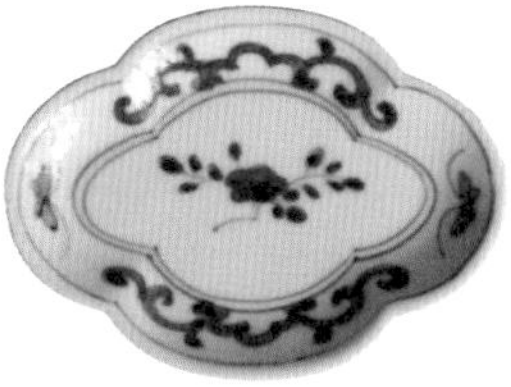

選

家裡有著什麼樣的器皿呢

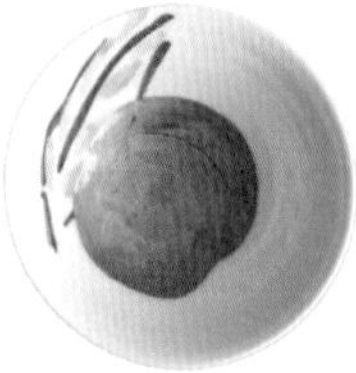

你的家裡有哪些器皿呢？在尋找新器皿之前，首先先確認一下家裡的食器櫃吧。時常使用的器皿就是符合自己生活習慣的款式。喜歡日式料理的話建議選擇4～6寸●的碗或盤，喜歡西式料理的話或許會比較需要7～8寸的平盤。先了解自己的生活型態後再購買，就能減少「買了之後很少用」的情形。

飯碗、馬克杯、筷子等不同於大家共同使用的盤皿，是更個人化的品項。因為會反映出個人喜好，一開始可以先簡單購齊。在家人們共同使用的盤皿和其他配角陸續就定位後，可以繼續一邊搭配喜歡的風格一邊蒐集。

還有，在尋找器皿時常會遇到「和在店裡看到的顏色不一樣」的狀況，這通常是因為店裡和家中使用的光源不同。盡量在和家中餐桌差不多的光源下選擇會比較好。另外也要記得在自然光下確認器皿原始的顏色。

●一寸＝直徑 X 3 公分左右。詳細請參考 P146

日式皿 [日本] [東南亞]

- 以有深度的鉢盤為主
- 通常會用手拿著器皿
- 在餐桌上取菜

日式料理與西式料理的器皿

在混合了日式料理與西式料理文化的日本，餐桌上通常會同時擺放日式和西式食器。器皿的誕生源自於當地的飲食文化，如果先了解其背景，就能成為找到合適食器的線索。

首先是日式料理。以常見的馬鈴薯燉肉等煮物配菜來說，因為有湯汁，所以通常會使用有深度的鉢盤來盛裝。先裝在大盤上桌後再各自取用的方式，在日本和東南亞都很常見。另外，用餐時會將器皿拿在手上也是一大特徵，所以選擇好拿取的形狀和重量也是很大的重點。

而牛排和可樂餅等西式料理，通常是最後才在盤皿中淋

西式皿［西洋］［韓國］［中國］

- 以平坦的盤皿為主
- 通常擺放於桌面上
- 盛盤時配好一人份的菜

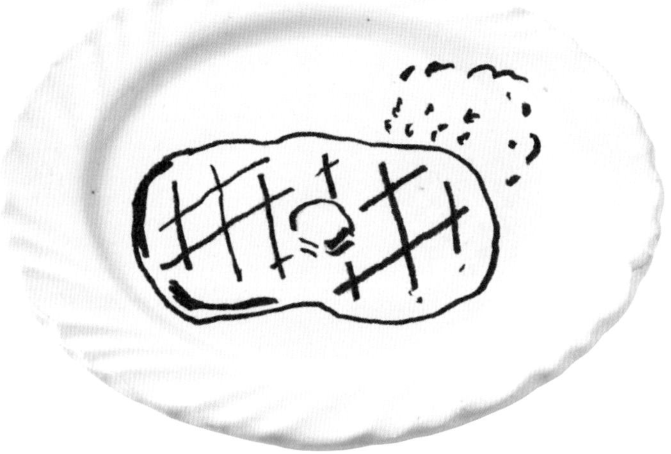

上醬汁，所以深度不重要，需要確認的是盤皿有沒有超出菜餚的大小。湯碗不會直接就口，而是以湯匙舀起，所以比起深度更需要的是寬度。

由於不會直接拿在手上，盤皿稍微有點重量也是西式皿的特色。另外因為習慣在盛盤時就個別配好菜，通常會買齊家中人數分量的盤皿。

「我們家是通常在餐桌上取菜的日式路線，那應該多買些鉢盤」、「家裡不太有西式盤，好像可以購買一些」……在了解了器皿背景後，像這樣依照自家的情況去考量，就能比較清楚需要的品項。

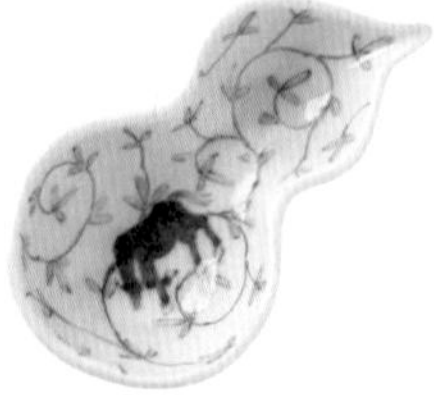

選

試著挑戰食器櫃裡沒有的形狀和大小

建議「總是不小心又買了類似的東西」的人，要有自覺地去選擇與家中器皿不同的大小。豆皿、醬油碟的大小是3寸（直徑約9公分），分食盤是4～6寸（直徑約12～18公分），一般的主菜盤則是6～7寸（直徑約18～21公分）。根據器皿的大小不同，盛裝的方式也會有所改變，如常的餐桌也能產生不一樣的變化。

除了尺寸大小之外，挑選家中沒有的形狀也是個好方法。只要加入一個正圓形之外的角皿或橢圓皿就能讓視覺更有層次。用來裝魚等橫長形的料理時也能製造出留白，讓盛盤看起來更有美感。

特殊造型的豆皿則能成為餐桌上畫龍點睛的一部分。像是葫蘆形和扇形的豆皿就很適合在吃火鍋時用來放柚子胡椒，也可以在吃天婦羅的時候用來裝鹽。如果是有圖案的款式，也可以配合圖案的主題來呈現季節感。

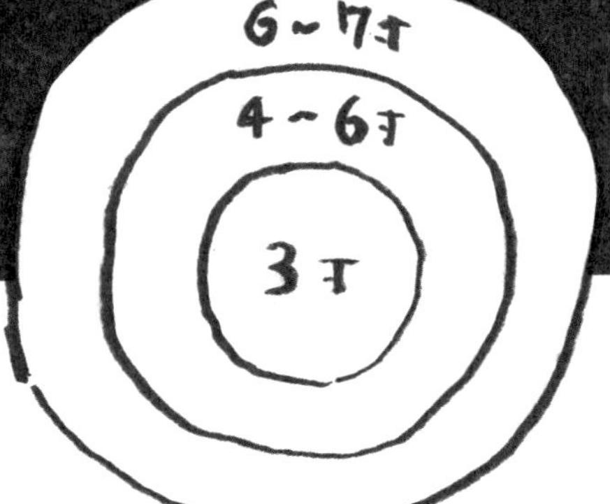

1寸=約3cm

選

活用器皿的形狀

器皿其實很少單獨使用，通常都會在餐桌上同時擺放好幾個。從現在開始可以試著把器皿之間的搭配組合也考慮進去。

花型的器皿被稱作「輪花」，只要放入一個，整體氣氛就會瞬間活潑起來，就算是只用一個小小的輪花皿裝上醬菜，也能為桌面添上愉悅的表情。但要注意的是如果同時擺放太多個輪花，也會讓整體顯得有點凌亂。想要活用器皿營造氛圍的話，「一份餐點使用一兩個左右」就夠了。不只是輪花，在基本款式的器皿中只要加入一兩個特殊造型的器皿，就能襯托出其獨特的形狀。

同樣是一枚輪花，也會因為不同的材質而讓人有著不相同的印象。玻璃製品顯得輕巧，瓷器顯得端正，鑄製金屬沉穩又有韻味，陶器則充滿溫度。另外花瓣刻紋數量不同也會影響整體風格，好好尋找出自己最喜歡的樣式吧。

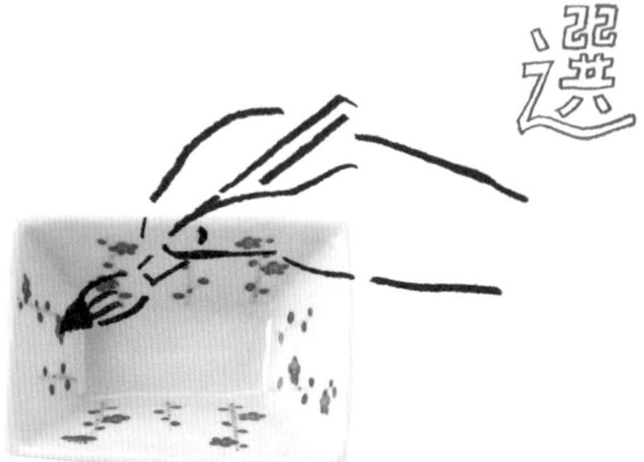

加入染付和色繪的款式

陶瓷在日文也被稱作「燒物」。說到陶瓷，大部分的人的都會聯想到素面的器皿，但其實陶瓷還有著非常多的種類。

如果將器皿比喻為「食物的衣服」，素色的基本款式的確可以活用於各種穿搭，但就像偶爾也會想穿上花色的裙子。或有著花刺繡的罩衫一樣，加入有著染付和色繪的款式也能讓餐桌更加多彩多姿。

染付指的是將藍色的顏料畫上瓷器後，再塗布一層透明釉藥去燒製的方式。色繪則是在白色基底上以紅、黃、綠、紫等顏色彩繪。繽紛的色澤在菜餚的顏色比較單調時，也能在背後發揮襯托的效果。

除了布滿整個器皿，也有只在部分位置畫上圖案，其他地方留白的色繪款式。在盛盤時別忘了製造出一些留白，好好活用這些圖案。

染付＝P164　色繪＝P165　釉藥＝P161

選

享受搭配不同材質的樂趣

繼形狀和顏色之後，接著來看材質吧。挑選器皿其實和挑選衣服很像，就像衣服有著棉、麻、絲、羊毛等材質一般，器皿也有著瓷器、陶器、玻璃、木頭、漆器等材質，它們各有不同的風味，使用的方式也有所不同。

以陶器和瓷器為基礎，再加入一些玻璃和木頭等異素材的話，餐桌上就能彰顯出季節感與層次。首先應該考慮料理和器皿的契合度，接著再思考器皿們的顏色、材質、形狀是否搭配。

就像大家穿上流行服飾之後還會再配戴上飾品，打造出層次感一樣，可以搭配出屬於自己的獨特風格。

不管是衣服還是器皿，享受搭配組合的同時，也能表現出自己的品味和獨創性。

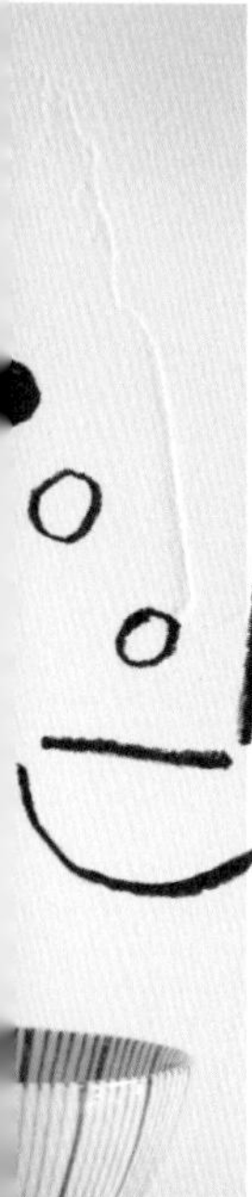

選

愉快地使用無把杯

如果對器皿有愛，光是選擇泡茶的夥伴們就是件很開心的事情。喝紅茶時會使用西式杯盤組，有客人來訪時泡茶則是使用日式茶杯……這樣的論點已經是上一個世代的事了。在現在，不管是綠茶還是紅茶都用馬克杯來喝，「沒有特別購買日式茶杯」的家庭也正在增加。

於是不管是裝什麼飲料都很適合的「無把杯」正活躍於現代。紅茶、咖啡、牛奶、湯品，不管倒入什麼都十分稱頭。筒身較高的杯款可以裝酒，蕎麥豬口杯裝起甜點和優格也很適合。

無把杯是很多作家都會製作的款式，每天使用的器皿如果能蒐集許多不同形狀、技法和顏色，就能讓餐桌產生更多變化。正因為沒有把手，使用上更不受限，甚至可以當作小碗使用，是非常萬能的單品。

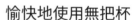

蕎麥豬口＝裝蕎麥麵醬汁的杯子

盛

盛裝於器皿

使用燒締器皿盛裝築前煮，刻意選擇同色系更顯得俐落。炸雞塊則用色繪的瓷器來凸顯活潑氛圍。馬鈴薯沙拉可以裝進輪花皿裡。就算是每個禮拜都會登場的家常菜，只要更換不同的器皿，整體氣氛就會瞬間改變。
覺得有點提不起勁做菜的日子，首先把器皿拿出來擺放看看吧，有時候也能從中得到些料理的靈感。這裡開始要告訴大家一些能讓料理看起來更美味的擺盤小祕訣。

盛

「適量擺放為山形」是基本要訣

如同穿和服有訣竅一樣，擺盤也需要掌握幾個重點。

首先要記住的是「留下空白」。以器皿的整體大小來看，把料理放在2/3左右的空間是最漂亮的。食用的量＋空白＝該選擇的器皿大小。

在盛放日式料理時，應該盡量避免讓菜餚顯得平面。例如在將涼拌菜裝進盤內時，要記得擺放為山形。想著三角形的形狀，做出高度是基本要訣。生魚片要擺進較平面的盤皿內時，也不要平貼著盤子，要利用蘿蔔絲和海帶芽等配菜，呈現出高低差。前端較低，後端較高，考慮著盤皿的深度擺放，整體就會看起來平衡。

這個規則也可以應用到用一個盤皿擺放的料理組合上，像兒童餐的雞肉炒飯可以先添進碗裡做出半球形，再把飯糰聚集到盤皿中央，就能顯現出高低差，讓整體視覺更有層次感。

做出高度
讓料理像像山一樣

盛

配菜要放在魚之前、肉之後

烤好了美味的魚之後，到底應該如何擺放呢？在盛盤時總是很煩惱對吧？「日式料理的規則」聽起來很死板，但為了在招待客人時不要失禮，有些規則還是先了解比較好。

包含魚頭的整隻魚要盛盤時，請將頭往左邊擺放。如果是切片的話，則要讓魚皮面朝上。蘿蔔泥等配菜要放置在魚前方右下角的位置，再配上紫蘇葉，就能更添色彩。

另外像是可樂餅等西式料理，要將主菜放在最前方，高麗菜絲等配菜則是盛放在後側。照片中也將每個人的醬汁用豆皿另外附上，除了可以增添桌面上的視覺重點之外，也可以防止大家沾取過多醬汁。

像左頁這樣把照片並排，就能看出日式和西式料理在盛盤上的不同呢。

魚
Fish

洋食
Meat

盛

觀察木頭的紋路

把一人份的餐點放上餐墊或托盤時，就會產生整體感。

在使用木製托盤的時候會希望大家特別注意的是「木頭的紋路」。木紋擺放的方向在吃飯的人看來應該要是橫向的，除了托盤之外只要是木製的食器也都是如此，就算是面積較小的杯墊、木碗也都是一樣。

雖然也有「方向不固定會不吉利」、「看起來不協調」等說法，但最大的原因是，木材有著容易隨著紋路裂開的特性。如果用木製托盤搬送有熱湯的菜餚，就算橫向的木紋裂開也不容易造成危險。

看似死板的規則，其實大部分都是從實用面衍生而來的。

盛

SUMMER

替食器換季

厚厚的毛衣在冬天不可或缺，夏天則會想穿上清涼的棉麻，而人們選擇的器皿也會隨著季節有所改變。

左頁的照片是某個冬日，本頁上方的照片是某個夏日。冬天的時候會選用具有厚實形狀的碗來裝上配料滿滿的味噌湯。夏天則是用輕薄的玻璃器皿盛放水果，再用畫上清涼藍色的染付碗填入整碗蓋飯。就像是幫衣櫥換季一樣，改變食器的顏色和材質，也能讓餐桌更有風情。

若是把涼拌菜分別裝進玻璃、瓷器、燒締這三種材質的容器裡，就算是一樣的菜餚，也會因為素材和顏色而展露出不同的印象。

雖然「這道料理就是固定裝在這個盤子」這樣的做法也能讓大家對自家的定番料理更印象深刻，但隨著季節變換看看食器也是件很有趣的事呢。

WINTER

盛

不被風格侷限的自由選擇

在前述文章我們學到了許多擺盤的基本規則，但自己的點心或早餐時間就不需要被這些規則侷限，將日式和西式的食器混搭使用也非常有趣。

例如用日式的蕎麥豬口杯裝上咖啡，德式耶誕蛋糕這種正統的西式點心則使用具有手感的日式盤。民藝手工風格的馬目皿、三島、染付也可以試著放上烘焙點心，產生的對比也很特別。

偶爾改用日式的5寸鉢或較有深度的無把杯來裝湯可增加新鮮感。色彩繽紛的三明治選用素雅的粉引皿。吐司裝在有田燒的古典彩繪皿裡也很有味道。日式和西式的混搭，讓人想起大正時期的摩登韻味。

馬目皿＝繪有漩渦圖案，瀨戶一帶的生活器皿
三島＝P169　粉引＝P166
有田燒＝誕生於佐賀縣，日本最早的瓷器

盛

器皿的價值在於使用

器皿也是藝術、工藝品的一部分。也因為這樣，很多人會覺得「太貴的東西平常拿出來使用好浪費」。在日本，器皿有著「割れ物（會破的物品）」這樣的別稱，當然小心地照顧並長久流傳下去也是很棒的想法，但器皿終究還是屬於消耗品。

在忙碌的日常生活當中，喜歡的器皿可以讓生活更顯豐饒。配合自己的生活方式，在做得到的範圍下好好地照顧器皿就可以了。如果害怕破損的話可以選擇較為堅固的材質，希望使用洗碗機和微波爐的話，直接從能夠使用的材質挑選也是個方法。另外漆器和樹木一樣，都不能夠太過乾燥，雖然它具備著藝術品的美感，但不能收起來擺放著，而是要天天使用，才是能夠長久保存的祕訣。

比起擺放著觀賞，持續地使用器皿才能更了解它，也會對它產生更深的感情。

住

住居中的器皿

雖然已經擁有很多食器了，但還是想要在生活中使用更多喜歡的作家的器皿……
這種時候，可以考慮購入花器、盆栽、餐具架等餐桌用品、飾品盤之類家中擺設會用到的陶瓷器。就算破損也可以用金繼的手法修復。這裡開始要告訴大家更多能和器皿一起愉快生活的方法。

住

打造屬於自己的「藝廊空間」

雖然想要把器皿擺得像藝廊一樣，但回到家卻總是發現空間不夠嗎？雖然面積沒有辦法達到理想範圍，窗台和玄關旁、層架和五斗櫃上方等空間都很適合拿來放置裝飾。選擇一個空間做為「自己的藝廊空間」，依照季節和心情改變擺設吧。

而整體會看起來雜亂的最大原因，是因為在擺放時容易不自覺地放進太多東西。首先先把東西都清空，一邊考慮留白空間一邊放入少量的器皿，就能打造出更美的空間。

類似形狀的器皿可以等間隔地擺入多件，完全不同的器皿則可以分開一些來做出節奏感。不要對齊中線，不對稱的擺設可以呈現出洗鍊感。色彩鮮豔的繪皿則推薦使用展示盤架，呈現藝廊的演繹氛圍。

住

享受搭配花與花器的樂趣

當季的花能夠增添生活中的色彩。考慮各式各樣的花與花器要如何搭配是件很愉快的事。

華麗的西式花束和正統日式花道當然都很漂亮，但是單純的將白花三葉草和野菊等，綻放於庭院或野外的小花裝飾起來也很美好。不用想太多，簡單地插進一輪插或小花瓶裡試試看吧。

選擇花器的時候，口徑的大小是重點之一。如果對於單隻或整束的花莖來說口徑太寬的話，花會看起來很鬆散，容易顯得比例不佳。沒辦法把花插得漂亮的時候，更換一個口徑比較窄的花器就會比較容易掌握平衡。

當技術比較熟練之後，就可以試著在寬口花器放進細小的花，或是把有蔓延感的綠色爬藤植物插進酒瓶。挑戰看看各種插花方式吧。

住

增添居家擺飾中的器皿

器皿除了增添餐桌上的色彩之外，也在生活中更自由地使用在其他地方看看吧。

例如可以試試用花器之外的容器插花，像是片口或德利、冷水壺、玻璃杯、碗等等。如果在內部放進劍山或雞網，就算是大口徑的容器也能輕鬆地插花。但要注意的是植物其實很容易繁殖雜菌，拿來插過花的食器最好就不要再用來裝盛食物了。

來到廚房，簡單地把餐具放進水瓶裡收納就很好看。有蓋子的甕拿來保存醃梅子或鹽也顯得很有風情。

玄關附近用大型甕來當傘架，或在玄關側邊放上喜歡的小皿當作飾品盤等等，除了餐桌之外也能透過擺飾增添生活中的樂趣。

片口＝酒器的一種，有出水口的分裝壺
德利＝瓶子形狀的酒器

住

金繼修復之後繼續好好使用

一直很小心愛用著的器皿破掉了……但還是捨不得丟掉。這種時候要不要試試看金繼呢？金繼原來是為了修復藝術品或茶具而誕生的技術，因為需要很長的時間，又需要使用稀少的漆料，以前很多人認為只能用來修復昂貴的器皿。但到了現代，想繼續好好使用的器皿就算是價格不高，也開始有越來越多人嘗試自己挑戰金繼修復了。在日本各地也開設了許多教室，這項技術變得不再遙不可及。

使用植物性合成樹脂製成的「新漆」，不用擔心碰觸到漆料會有接觸性皮膚炎的風險，對初學者來說也能放心地嘗試，推薦使用在不會用來進食的器皿上。如果想要正式學習金繼技術就要使用「本漆•」。因為本來就是會使用在器皿上的材質，金繼之後也能繼續放心當作食器使用。兩種方式都可以視自己的需求，選擇適合的材料使用。

漆＝P160、219

URUSHI
SHIN-URUSHI

贈

贈送器皿

用來當作結婚賀禮、彌月賀禮、退休賀禮都適合，贈禮裡常見的品項之一就是器皿。對於要送些什麼感到迷惘的話，這邊告訴大家一些挑選的考量方式和祕訣。

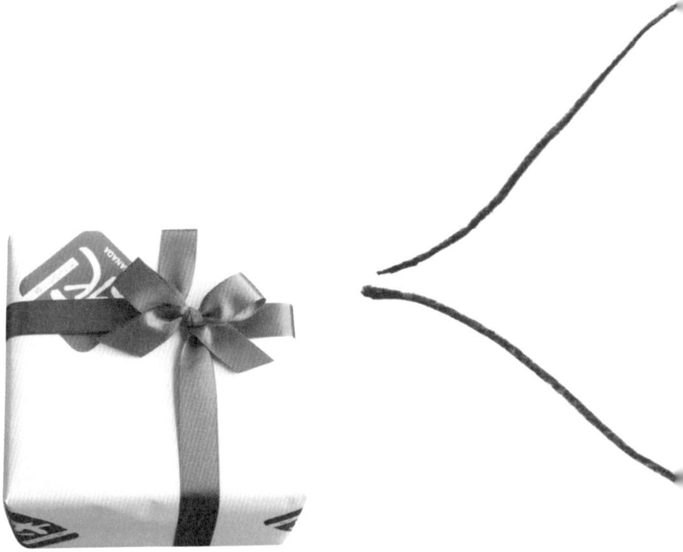

贈

送禮的對象是什麼樣的人呢？

送禮是一件很個人化的事。如果不知道要選擇什麼的話，先回想一下對方的家族構成、興趣，還有喜歡的食物吧。如果是喜歡日本酒的對象，可以選擇豬口杯，搭配著自己喜歡的酒器使用一定會很開心吧。比起從口中說出平時感謝的話語，感覺這樣的禮物更能傳達心意。

開始新生活的時候，也是為了各種物品付出各種花費的時候。如果是剛結婚的年輕夫妻的話，應該不太容易有太多預算可以購買食器吧。為了祝福他們踏上人生新旅程，結婚賀禮可以選擇本漆製的碗等能夠長久使用的高品質器皿。訪客用的咖啡杯盤組也是常見的選項。

選擇器皿的同時，別忘了一邊想著送禮的對象。一邊想著對方一邊煩惱的時間和心意，也同樣是送給對方的禮物。

豬口＝喝酒用的小杯子

Present

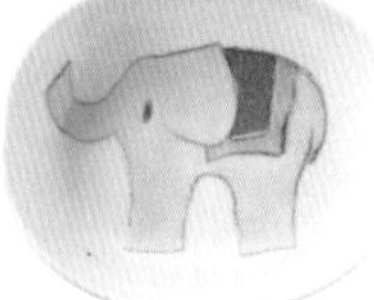

讓小朋友也擁有「自己的器皿」

小朋友專用的餐具大部分都是掉到地上也不會摔破的塑膠製品，但正是因為年紀還小，才更應該要選擇方便使用的器皿，讓用餐時光更加開心。

不同於全家人共用的大皿，每天都會使用的碗筷是只屬於自己的食器，也比較容易對「我的碗」、「我的筷子」湧生感情。到了會使用碗筷的年紀，就讓小朋友自己選擇喜歡的款式吧，這樣也能自然地產生想要好好珍惜物品的想法。記憶中的那個器皿在長大成人後也能成為美好的回憶。

「MOAS Kids」就是因此為小朋友們量身打造的系列。除了大人可以拿來裝離乳食之外，也設計成讓小朋友方便使用的樣子。讓自己的兒孫使用之外，也能安心地當作彌月賀禮來贈送。

「MOAS Kids」
www.utsuwa-hanada.jp/moaskids/

不管是誰都能開心使用的食器

大家曾經覺得手中的器皿太有重量嗎？隨著年齡漸長，「雖然很漂亮但是有點重」的食器也會越來越難以使用。分開生活的雙親來到垂年，這種時候可以考慮送上「輕盈又好使用」的器皿。

「MOAS」是行動不便的人士也能輕鬆使用的食器系列。以「不容易翻倒」、「容易拿取」、「容易握穩」、「方便盛取」、「方便搬運」及「重量輕盈」為概念，在8位作家的創意之下誕生。為了讓菜餚更容易盛取，在邊緣做上凹槽。為了讓器皿更穩固，把高腳做得更大一些。像這樣在細節上下了許多工夫。

為銀髮族製作的食器看似有點乏味無趣，但正因為行動已經沒有年輕時自由，才更應該讓他們享受用餐的樂趣呀。

「MOAS」
www.utsuwa-hanada.jp/moas/

季

加入季節感的心意

現在無論何時都能入手四季食材，大家對於季節的感性也漸漸鈍化了。試試使用器皿讓每天的餐桌加入一些季節感吧！春、夏、秋、冬，還有新年。這個篇章將把充滿當季氛圍的餐桌裝飾方法提供給大家參考。

夏
春
冬
秋

季

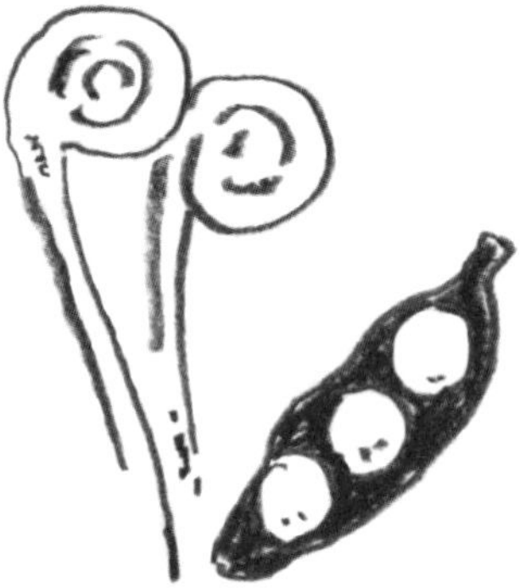

春——以春季蔬菜為主角

在花朵綻放的春日，賞花的時候拿出漆器便當盒使用，是充滿晴朗心情的光景。

許多色彩繽紛的食材都在春季開始陸續出現，平常用餐時可以刻意選擇較為素雅的器皿。有著柔和質感與色調的食器更能映襯出春季蔬菜的翠綠。

食器選擇帶有灰或白的粉色調，接著鋪上柔軟的淡色麻質餐墊，另外再搭配上一些木質或玻璃材質的器皿。如果是邊緣帶有雕刻的盤皿，會更有朝氣蓬勃的春天感。為了不要讓整體印象太過甜美，餐具使用做舊感的款式來收斂，演繹出有大人味的春天風格。

季

夏——傍晚時分在戶外乘涼

酷夏一年比一年更加炎熱。試著在生活之中加入一些可以感受到涼意的工藝品吧。像是竹籠、玻璃、藍染的手拭巾等。

手拭巾十分萬能，除了可以拿來擦拭，也可以用來包裝和裝飾。雙面皆有染色的手拭巾稱為「注染」，因為雙面皆可使用，所以也可以拿來掛在窗邊，或是當作門簾。擰起來也能當作毛巾使用。

蕎麥麵除了適合裝進竹籃，用繪上藍色的白瓷皿盛上更顯清涼。

小碟子就放進能讓身體更涼爽的淺漬小黃瓜、涼拌茄子和醃菜。搭配上冰鎮的清酒，傍晚時分在戶外乘涼吧。

季

秋——感動於明月之美

暑氣尚未消失的秋天。

農曆8月15日中秋節是一年當中月亮最美的一天，在日本也被稱作「芋明月」。另外9月13日則是「十三夜」，別名「栗明月」或「豆明月」。

「芋明月」時，會和神酒一同供上那年收穫的芋頭或栗子，以及毛豆或稻穗，裝飾上芒草，再一起賞月。試著用較淡的高湯燉煮芋頭，再用豆皿裝盛。把冷卸酒注入喜歡的酒杯，從緣廊眺望今晚的月亮吧。

秋天也是充滿美食的季節。品完酒後，如果可以用新米、秋刀魚、香菇湯做為收尾就太棒了呀。

十三夜＝自古在日本也是觀賞月亮的日子。

冷卸＝清酒的一種。春天釀成後只經過一次加熱殺菌，冷藏到秋天熟成後不經過二次加熱直接出貨。

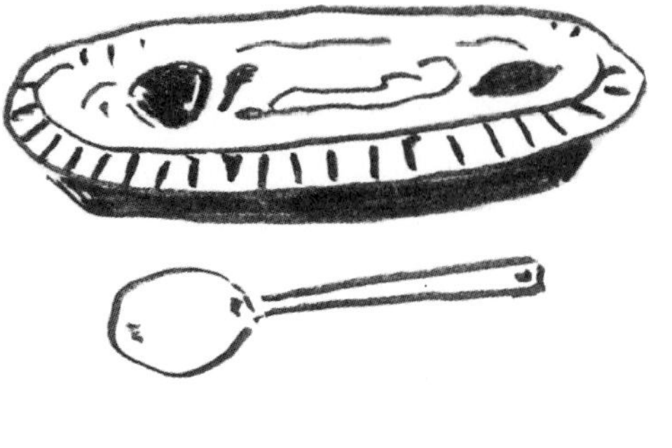

冬——充滿暖意的餐桌

連吹上雙頰的風都變得冰冷的冬天。

晚餐就吃可以從頭到腳都溫暖起來的法式燉湯吧。法式燉湯又稱為火上鍋，是源自於法國的家庭料理，法文原意就是「放在火上的鍋子」。在高導熱性、耐熱性良好的土鍋裡加上鹽漬過的肉和蔬菜燉煮，熱騰騰的狀態就直接端上桌。使用有深度的盤皿來分裝湯吧，接著再把料也盛盤，再附上黃芥末醬。最後再把濃縮了美味精華的湯做成燉飯也很棒呢。

鋪上用粗毛線手工織成的餐墊，麵包則用有溫度感的木製砧板盛上。寒冷的時候，就多選擇這些有暖意的素材吧。

新年——訴說祝賀之情

細雪飄落，凝霜遍地的新年。

今年也向家中的神棚祈求，希望今年也是美好的一年了嗎？日式的吉祥物有很多種，像是熊手、招財貓、達摩不倒翁等等。還有動物形狀的張子、討人喜歡的土人偶、做成鶴、烏龜等吉祥形狀的稻草工藝。重複塗上了好幾層漆的漆器象徵著好幾層的幸福，也因此常常在喜慶的場合使用。

冬天也是稻米收割結束的休耕期。在容易積雪的深山，農家會使用稻米或小麥的莖製成稻草，一邊等待春天的來臨，一邊編織製作注連繩、草鞋、蓑衣、掃把等生活道具。

一邊想像著這樣的光景，一邊裝飾上這些物件看看吧。

張子＝日本鄉土玩具的一種，通常先以木頭或竹子、黏土做基底，再反覆張貼上紙張製作。

有田焼
陶祖神
陶山神社御守護

集

蒐集的樂趣

器皿和藝術品一樣，當中也有能夠享受蒐集樂趣的「收藏品品項」。應該有不少人收藏著許多豆皿等小件器皿吧。對喜歡器皿的人來說，去尋找喜歡的作家器皿，再慢慢地蒐集購買，正是其樂趣之一。

在此為各位介紹如何挑選日常生活使用的基本組合，以及收集令人開心的器皿的訣竅。一見鍾情就被吸引的物件固然美好，但仍要從實際層面出發，去感受「順手度」。別忘了注意用手拿取時的契合度，以及重量是否恰到好處。

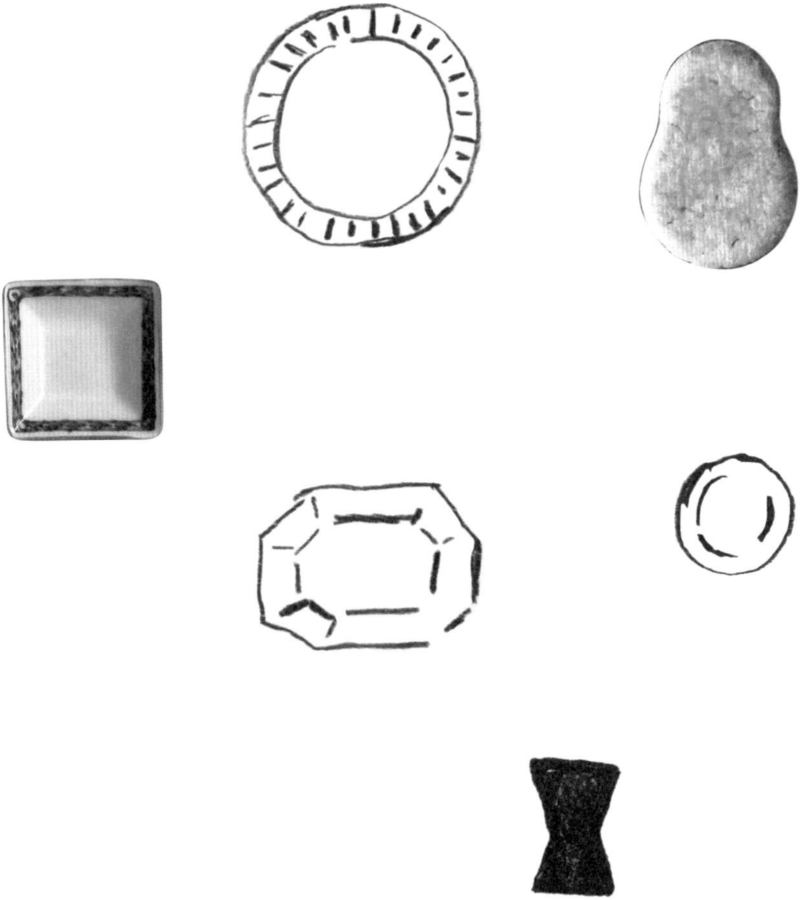

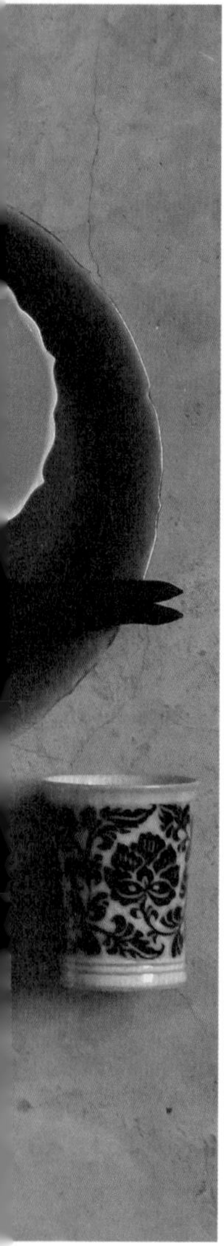

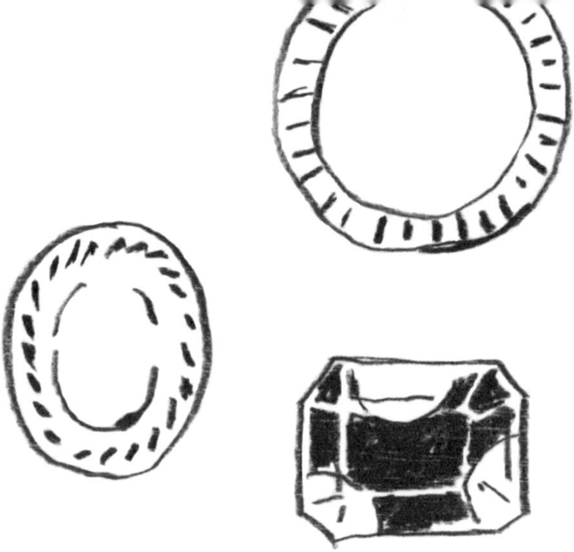

集

首先，至少要先買齊這些

最一開始推薦購入的，是每天都會使用到的飯碗。款式和顏色都是個人喜好，但建議要多拿幾次試試看手感。

湯碗也可以一起挑選。漆器是使用稀有的漆料反覆塗抹做成的，也因此價格並不親民。但如果是以木頭為基底的款式，就算漆脫落了也能在重新上漆後繼續使用。

無把杯和小鉢都是很棒的配角。常吃西式料理的話可以拿來裝湯或甜點，日式料理的話可以拿來裝涼拌菜或日式點心。除了上述的食器之外，再加上6～8寸的盤皿就能完成餐桌上的基本組合。選擇自己喜歡的美麗器皿，就能讓餐桌的風景更美好。

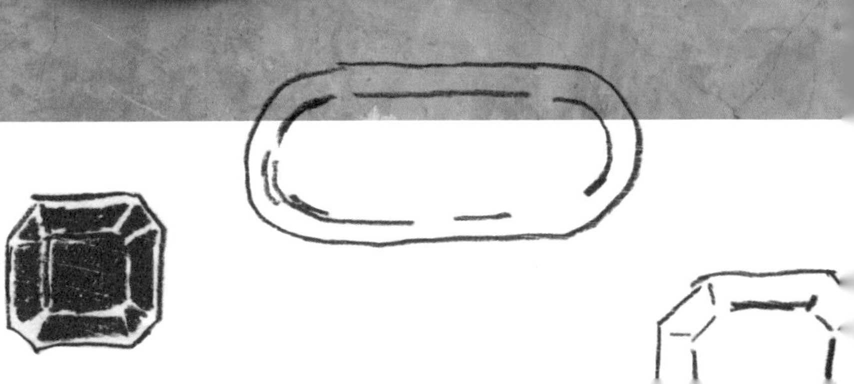

集

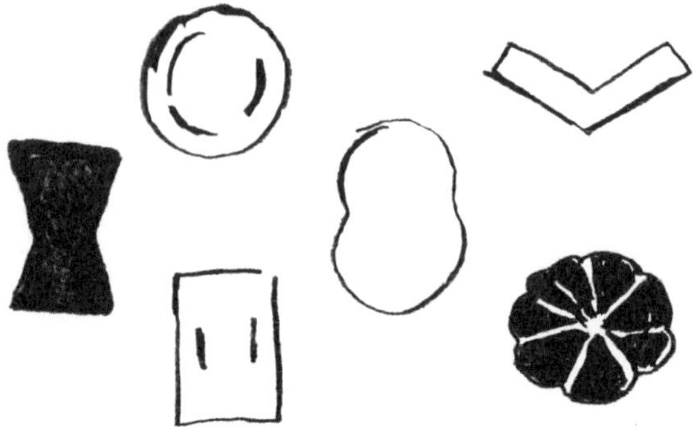

筷子與筷架

基本上筷子會買齊家裡的人數分量，但是對每個人來說，好拿的筷子各不相同。選擇上還是以不容易手滑的款式為佳。推薦筷子尖端有精心削製過，或筷身有做出止滑凹槽的款式。若是重視手感的話，可以挑選五角形以上的多邊形，或是邊緣帶有圓弧的筷子。習慣重量感的話，有著木紋的黑檀或紫檀會比較適合。但要注意太花俏的款式會比較難和器皿取得平衡，剛開始最好挑選簡約一點的設計。

第二組筷子可以改變顏色，或選擇有象嵌、蒔繪等裝飾的款式試試。若有好幾組筷子，就能做出各種變化了呢。

而筷架是能讓每天使用的筷子看起來更有變化的物件，可以試著挑戰看看鮮豔的顏色或圖案。除了方形和圓形之外，也有像是葫蘆、和菓子等的特殊形狀。另外也有可以同時當作豆皿使用的筷架，還能稍微拿來裝一些辛香佐料。順應季節也可以選用松竹梅、賞月的兔子等圖案，簡單就能把季節感加入餐桌。

象嵌＝P169
蒔繪＝P168

集

餐墊和隔熱鍋墊

桌巾和餐墊是改變餐桌氛圍的重要角色。就算使用的器皿相同，也可以顛覆原來的印象。因為可以摺疊起來，也不會占太多空間。如果覺得大塊的桌布要清洗和熨燙太麻煩的話，先購入幾塊單人餐墊試試吧？

春天可以使用淺色系的柔軟麻質，夏天用藍染布展現帥氣印象。駝色或橄欖色的深色系棉布適合秋天，冬天則是視覺上就很溫暖的手織織品。

在把鐵壺或土鍋等有著高溫的器皿放上桌時，為了不傷桌面，一定要鋪上隔熱鍋墊。用稻草編織做出厚度的隔熱鍋墊有著手作的溫度感，不論是西式還是日式器皿，只要放上就別有風情。經過使用，稻草也會慢慢從綠色轉變為更有味道的咖啡色。配合家中器皿的大小，蒐集多種尺寸也很不錯。夏天光是把鍋墊放在白色或藍色的磁磚上，就能呈現清爽氛圍。

集

在家小酌的時間

酒器永遠不嫌多。對喜歡在家小酌的人而言，搭配酒的種類去蒐集各種不同的酒器是很享受的事。想大口豪飲啤酒的時候就用粗獷的啤酒杯，也可以用高筒的玻璃啤酒杯優雅地喝。陶瓷製品則有著可以防止氣泡散失的特質，可以讓啤酒泡沫更細緻。

雖然葡萄酒依照不同的產地，像是波爾多和勃根地都有自己專用的玻璃杯，但在家裡的話，也有人會選擇像無把杯或蕎麥豬口，寬口的設計可以讓香氣更加明顯。

片口一般除了拿來裝酒或調味料之外，也可以用來當作冰鎮清酒的公杯。較淺的款式也可以作為小缽來盛放下酒菜。

冰的、溫的、熱的……每個人喜歡的清酒溫度也都不盡相同。從玻璃、漆器、陶瓷、錫器當中選擇自己喜歡的素材，去尋找拿取和就口都順手的款式吧。

另外不管是什麼酒，高導熱係數的錫杯都能維持適當的溫度，而負離子效果也能剔除雜味，可以讓酒的風味變得更圓潤美味。

在一天將要結束的時刻，就和自己喜歡的酒一起慢慢度過吧。

集

蒐集豆皿或其他小物件

購入了每日餐桌上需要的食器和喜歡的酒器之後，要不要開始試著蒐集可以為生活增添些微風采的小物件呢？

總是放置在餐桌上的醬油瓶等調味料的容器，光是安放著就能靜靜地展露出存在感。牛奶瓶除了裝牛奶，還可以當作花器使用。

小物件的收納體積也不會太大，對於想要蒐集大量作家器皿的人來說，如果是豆皿這樣的小件器皿，就不會有無處收納的問題。不管是可以跳色搭配的，還是圖案比較花俏的，都可以挑戰購入。

比起精心搭配，可以更相信自己的直覺一些。把自己的玩心打開，好好享受器皿的樂趣吧。

旅

探尋器皿之旅

訪問器皿的產地或窯場，體驗當地的土地與空氣，再把中意的器皿一起帶回家。隨著各地的手作市集和陶藝市集的增加，能夠直接和作家本人對話交流的機會也增加了。

「KOHARUAN」的店主 Hiro Haruyama 總是抱持著田野調查的態度去當地探訪作家，我們來聽聽他分享「探尋器皿之旅」的有趣之處。

旅

鄰近東京的陶器城市，益子

栃木縣的益子町由江戶時代末期就開始製作缽和水瓶等日常用具。其後致力於推廣民藝運動的思想家柳宗悅及盟友陶藝家濱田庄司一起移住至益子，這也成為益子的陶藝聞名日本全國的契機。

若從東京都心出發，當天來回也能輕鬆拜訪窯場和附近的藝廊，交通十分方便。也因此每逢黃金週和11月的益子陶器市集時，總會吸引人潮聚集（可參考P98）。

抵達目的地後，不要急著去購買器皿，首先先到餐廳去吃午餐吧。在器皿的產地，店家通常會使用地產的器皿，也能順便去觸摸感受器皿與當地食材的契合性。訪問益子時，就使用帶有民藝風格而獨具風味的器皿，享用手打蕎麥麵搭配當地蔬菜的天婦羅吧。

聚集了全日本作家的
陶藝市集

除了手打蕎麥麵外
器皿也很值得期待

益子的街道上還有
很多時髦的古董店

由真岡鐵道看到的
暖心風景

旅

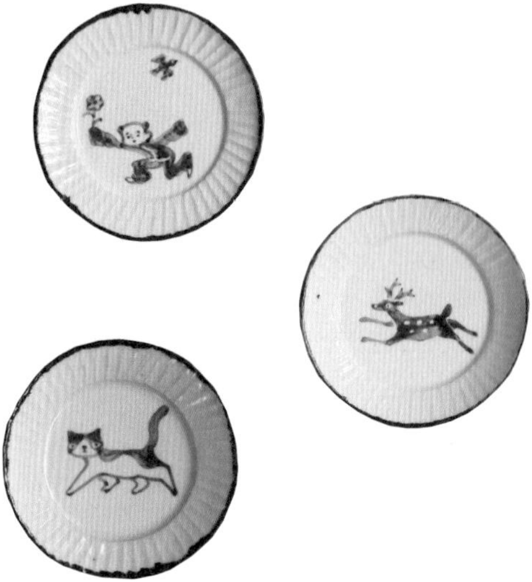

不遠於市街的窯業城鎮，砥部

愛媛縣的砥部町以山中採取的礦石碎屑為素材，從江戶末期開始製作素雅的生活器皿至今。一般來說，窯業興盛的城鎮通常都離繁榮的市街有段距離，但從擁有松山城等觀光景點的松山市乘坐公車至砥部町只需40分鐘，交通方便也是其魅力之一。

抵達砥部町之後，首先可以去拜訪「砥部焼観光中心 炎の里」，在此能夠參觀製陶的過程及體驗陶器彩繪。這裡還齊聚了在這座城鎮裡創作的作家作品們，先在此找出自己喜歡的作品，再去探訪各個作品的窯場也很不錯呢。另外「砥部燒陶藝館」等場館都能參加手捏陶及手拉胚體驗。

拜訪完窯場後，推薦在別具風情的道後溫泉住上一晚，療癒旅途的疲累。

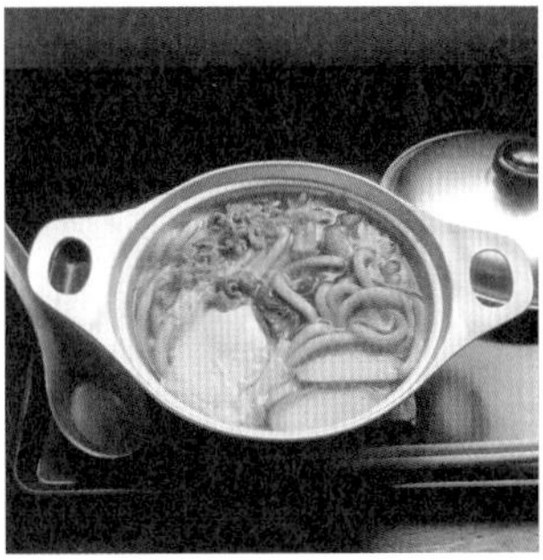

參觀了砥部的
「池本窯」

座落在砥部中心的
大宮八幡

松山市街的路面電車
顏色是愛媛名產的
橘子色

因小說《少爺》
而廣為人知的
道後溫泉

用陽極鍋裝上
松山名產鍋燒
烏龍麵

旅

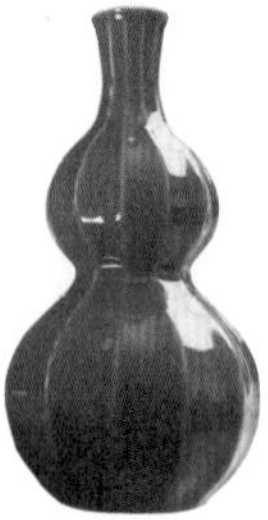

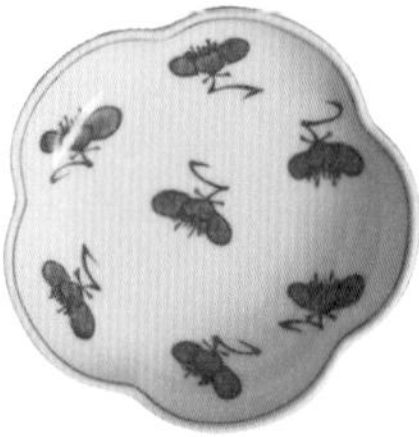

日本瓷器的發祥地，有田

佐賀縣的有田町是日本首次製作出瓷器的地方。也被稱作「伊萬里燒」，名稱來自當時出貨的港口。以「源右衛門窯」為首，有許多窯場可以在近距離觀賞職人們的技巧。也能在各資料館與美術館觀賞畫上華麗彩繪的作品。風情萬種，適合漫步的這座城市也曾入圍「日本的20世紀遺產20選」。

旅行時，可以選擇體現當地技法或作家風格，較有個性的小件器皿購買。例如筷架、豆皿等等都很推薦。雖然也能理解想要購買高價大件商品的心情，但小件器皿的購買門檻較低，還能一次購買多件來搭配使用。回程時能夠輕鬆地帶回家也是優點之一，用衣服包住就能避免器皿破碎。

將登窯使用過的磚塊
再利用砌成的圍牆

可以挖掘陶石的
泉山磁石場

陶山神社的鳥居及
燈籠以染付瓷器做成

別有風情的
有田內山街景

旅

擁有 400 年歷史的陶藝之城，波佐見

距離佐賀縣的有田町不遠，位於長崎縣中央的波佐見町在早期其實和有田同屬於「肥前國」，已經持續製作了400年的生活陶器。

江戶時代開始，波佐見燒製作的「KURAWANKA 碗（くらわんか碗）」沉穩而有安定感，時常被拿來盛飯或小菜，在庶民之間極有名氣。另外以「白山陶器」為首，有著摩登輪廓及設計感的器皿們，在現代依舊有著高人氣。

聚集了多間窯場的中尾山在每年4月會舉辦「櫻陶祭」，同時對外開放民眾參觀。黃金週時則會在模擬了世界各地窯場風景的「陶藝公園」舉辦「波佐見陶器祭典」。

武雄溫泉和嬉野溫泉都在附近，回程也可以順道繞去看看。

模具成型時使用的石膏模

窯場齊聚的中尾山

能感受到懷舊風情的
鬼木鄉梯田

武雄溫泉

長崎縣民的靈魂料理
強棒麵

好想去！
手作市集 & 陶器市集

手作市集和陶藝市集是可以親身感受到作家或當地特色的場所。能夠直接與作家本人討論對作品的想法和使用的素材也很令人期待。邂逅「自己喜歡的品項」也是其樂趣之一。這裡整理了日本具代表性的手作市集及陶藝市集，在規畫未來旅行的時候可參考看看。

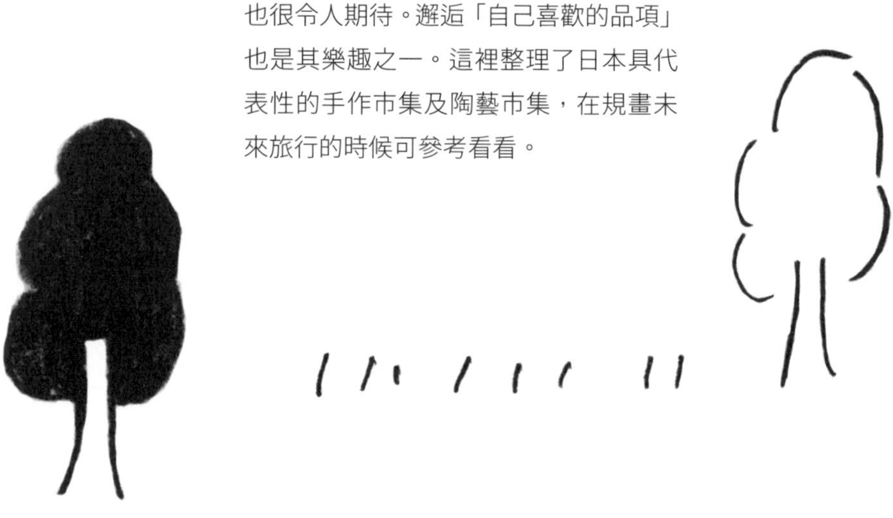

千葉縣佐倉市

聚集了與千葉有地緣關係的作家

千葉 Niwanowa 藝術手作市集

にわのわアート＆クラフトフェア・チバ

31 6 月的第一個週六、週日

場 佐倉城址公園

niwanowa.info

以「想要告訴大家，千葉有著許多正在創作的作家」為宗旨，有許多與千葉有著地緣關係的作家們進駐，帶來陶瓷、木工、漆器、玻璃等，能夠融入生活當中的工藝品。

長野縣松本市

手作市集先驅

松本手作市集

クラフトフェアまつもと

31 5 月的最後一個週六、週日

場 縣之森公園

matsumoto-crafts.com

在 2019 年舉辦了第 35 屆的市集。以物件串連了「製作者」、「想使用的人」以及「接下來想製作些什麼的人」。並且為了讓手作工藝更扎根於本地，從 2007 年開始舉辦「工藝的五月」活動。

千葉縣市川市

集合了活用材質的作品們

工房吹來的風 craft in action

工房からの風
craft in ac tion

31 10 月舉辦

場 Nikke Colton Plaza 戶外會場

www.kouboukaranokaze.jp/cia

由「Nikke（日本毛織株式會社）」企畫並舉行的戶外手作展，目的是希望讓作者與使用者有所交流。通過藝廊經理人的鑑定，能活用於生活中的工藝品和手作品齊聚一堂。

東京都豐島區

讓手作更貼近生活

手創之市

手創り市

31 每月第三個週日

場 鬼子母神、大鳥神社

www.tezukuriichi.com

東京都內最大規模的手作市集，選在豐島區雜司谷的「鬼子母神」及「大鳥神社」舉辦。每月變更不同主題，從器皿、麵包到甜點等，聚集了眾多創作者，每個月都逛也不會膩。

佐賀縣

創始於明治時代的
老牌陶器市集

有田陶器市

有田陶器市

每年 4 月 29 日～5 月 5 日
場 有田町全區
www.arita-toukiichi.or.jp

在整個有田町舉辦的大型陶藝市集。包含了店家、磚牆通、門前町，所有的地點都是會場。能找到傳統的有田燒、日常物件和各式個性派器皿。

大阪府堺市

在以茶聞名的街道堺
所舉辦的市集

點燈人的集會

灯しびとの集い

11 月
場 大仙公園活動廣場
tomoshibito.org

包含了陶瓷、玻璃、木工、金屬、染織等工藝，聚集了全國的專家及愛好者。能夠親手觸碰到藝廊經理人們挑選出來的手作工藝品。

滋賀縣

探訪具有歷史的日本陶器之城

信樂陶器祭

信楽陶器まつり

10 月
場 滋賀縣甲賀市信樂町
www.shigaraki-matsuri.com

在傳統信樂燒產地舉辦，室內會有展覽，室外則舉行販賣。包含大家熟知的狸貓像，從大型的擺飾到各式生活器皿等，可以遇見許多不同的陶器。

栃木縣益子町

每年春天與秋天舉辦

益子陶器市

益子陶器市

日本黃金週、11 月
場 益子町全區
blog.mashiko-kankou.org/
ceramics_bazaar

每年春天與秋天都會在益子町全區大規模舉辦的陶器市集。集合了傳統的益子燒、日常器皿、新銳作家們的作品等，大約會有 500 個攤位齊聚。

愛知縣

在擁有千年以上歷史的
窯業之地舉辦

瀨戶物祭

せともの祭

每年 9 月的第二個週六前後

場 「尾張瀨戶站」周邊
以及瀨戶市內全區

www.setocci.or.jp/
setomonomatsuri

瀨戶是日本的六古窯之一。2019 年舉行了第 88 屆的「瀨戶物祭」，每年都會由全國聚集數十萬人，整座城市都會成為祭典的會場。

福岡縣朝倉郡

拍賣價格也是魅力之一

民陶村節

民窯むら祭

5 月、10 月

場 東風村小石原的窯場
小石原燒傳統產業會館

mintoumuramaturi.jimdo.com

小石原的器皿有著以飛鉋、刷毛目等手法製作的特徵。每年的春天及秋天都會以 44 間窯場為中心舉辦陶器市集。還能享受使用小石原燒食器用餐的機會以及彩繪體驗。

京都府

夏季的風物詩

京都五条坂陶器祭

京都五条坂陶器まつり

每年 8 月 7 ～ 10 日

場 五条坂附近

www.toukimaturi.gr.jp（關閉中）

在清水燒發源地舉行的陶器祭典。五条坂附近共有 350 家店鋪參與，每年都有許多民眾前來與會。除了可以挖寶之外，也是可以邂逅年輕作家作品的好機會。

茨城縣

現場表演也很值得期待

笠間陶炎祭

笠間の陶炎祭（ひまつり）

日本黃金週

場 笠間藝術之森公園活動廣場

www.himatsuri.net

集合了陶藝家的作品與超過 200 家的窯場、當地商店，是能夠貼近與創作者距離的陶器市集。可以購買到酒杯、飯碗等日用品。

其一

在藝廊備受注目的推薦作家55人

各式各樣的材質、形形色色的技法。

有許多形狀，顏色的選擇也很有趣。

我們向各藝廊詢問了現在推薦的作家有哪些。

希望能帶來「我喜歡這樣的風格」、「雖然不認識但是這件器皿好棒」、「原來還有這種做法」等想法，幫助大家找到理想中的器皿。

5	4	3	2	1
製作品項	技法類型	瓷器		池本窯 いけもとそういち 池本惣一
皿・鉢・花器	白瓷・染付			

				池本窯
製作品項	技法類型	瓷器		いけもとそういち 池本惣一
皿・鉢・花器	白瓷・染付			

仿若古朝鮮的白瓷器般，簡約而大器的白瓷花器，以交富與極末的染付皿，

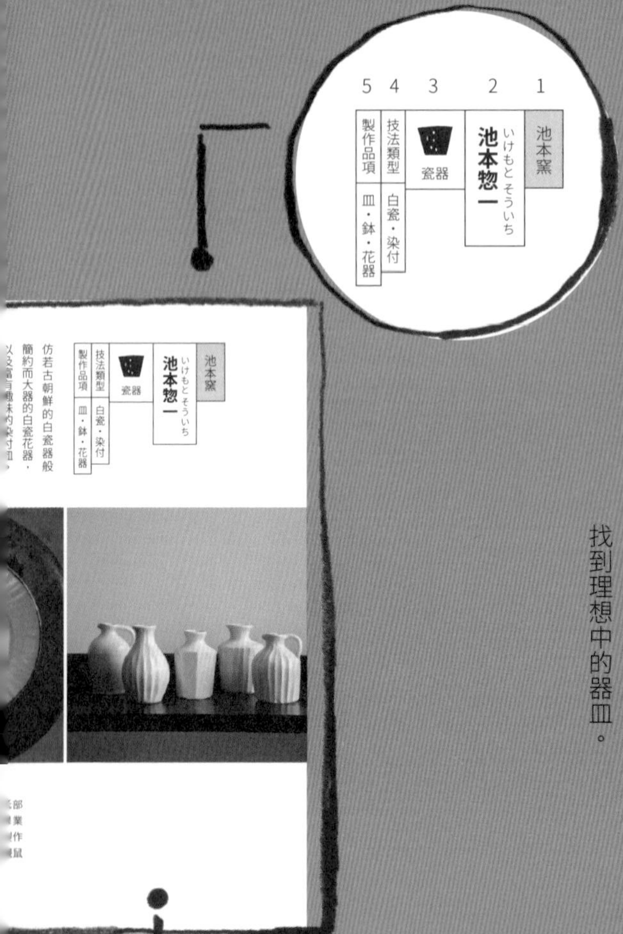

7　moguranokama.com
8　so1ikemoto
9　店 087
10　推薦店：KOHARUAN

作家介紹頁面構成

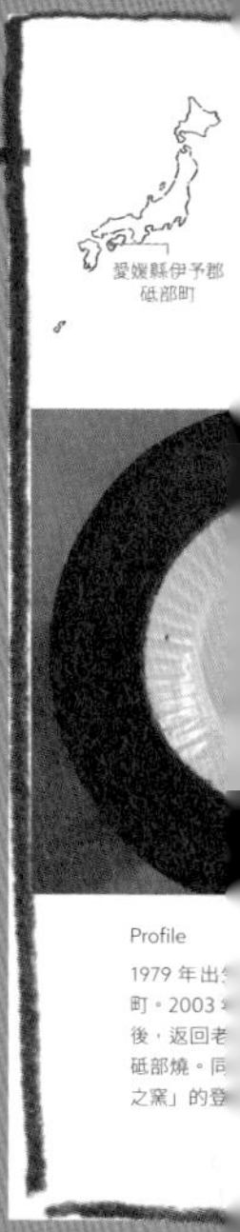

1　窯或所屬工房、藝廊名稱
2　作家姓名
3　作品材質
4　慣用技法及風格特色
5　主要製作品項
6　主要執行創作所在地（2019 年 4 月時）
7　網站
8　Instagram 帳號
9　銷售店家的編號（店名請參照 P227 的店家索引）
10　推薦作家的藝廊名稱

作家推薦者
P102～「mist ∞」店主 小堀紀代美
P120～「KOHARUAN」店主 Hiro Haruyama

岳中爽果
たけなかさやか

陶器　瓷器

技法類型	製作品項
釉上彩・雕刻	皿・杯・酒器・花器

岳中小姐的器皿華麗而纖細。透過其女性化的美感受到許多人的喜愛。不管是強而有力的的雕刻紋路或淡雅的釉上彩，都擁有讓人屏息的存在感。

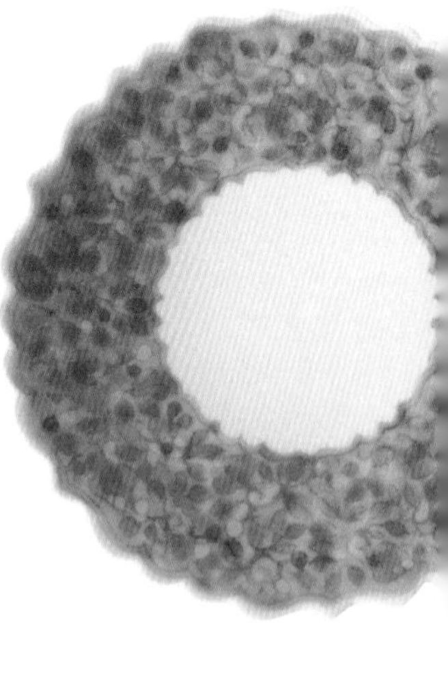

Profile

1997 年畢業於武藏野美術大學短期大學部工藝設計科。2001 年於東京都目黑設立工房。2005 年進入多摩美術大學造形表現大學部專攻日本畫。2016 年將工房遷至京都，活動至今。

www.takenakasayaka.jp
sayatakenaka
店 **023，033，051，083**

推薦店：mist ∞

たかさかちはる

高坂千春

半瓷器

技法類型　釉下彩

製作品項　皿・鉢・杯

高坂小姐的幾何圖案有著手繪才有的手感紋路。溫暖的作品，彷彿能夠讓每日的生活添加充滿活力的喜悅之情。

Profile

1986 年出生於福島縣。2007 年畢業於多治見市陶瓷器意匠研究所。2009 年將工房遷至栃木縣益子町並持續做陶。

takasakachiharu.web.fc2.com

店 032，051，076

推薦店：mist ∞

くぼたけんじ

久保田健司

陶器

技法類型	一珍・泥釉陶
製作品項	皿・鉢・杯

透過被稱為「一珍」的技巧，使用泥漿仔細繪出的模樣有機且纖細，還有泥釉陶（Slipware）彩繪出的動物。久保田先生的器皿溫暖而討人喜歡。

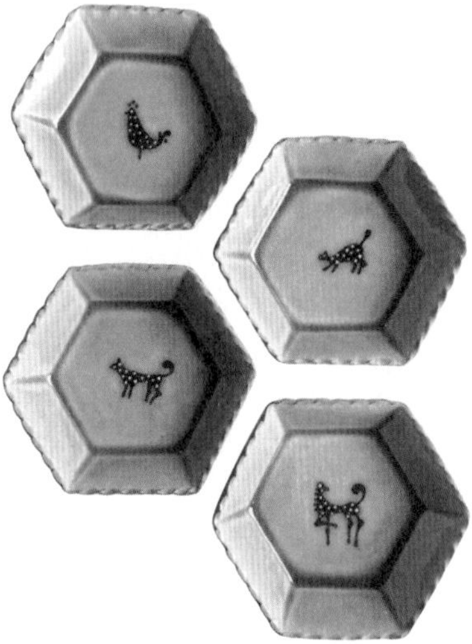

Profile

1979 年出生於埼玉縣。2004 年畢業於埼玉大學教養學部藝術論科。其後移住至栃木縣芳賀郡益子町，師事於大熊敏明。2006 年進入益子的製陶所工作，2011 年開始在益子獨立創作。

kubokem

店 051

推薦店：mist ∞

苔岩工房

やのさちこ
Yano Sachiko

漆器

技法類型	漆工・蒔繪
製作品項	碗・小皿・湯匙

Yano 小姐的漆器，融合了傳統工藝技法及女性化的纖細特質。使用色漆及蒔繪畫上溫柔的動植物，美得讓人忍不住嘆息。

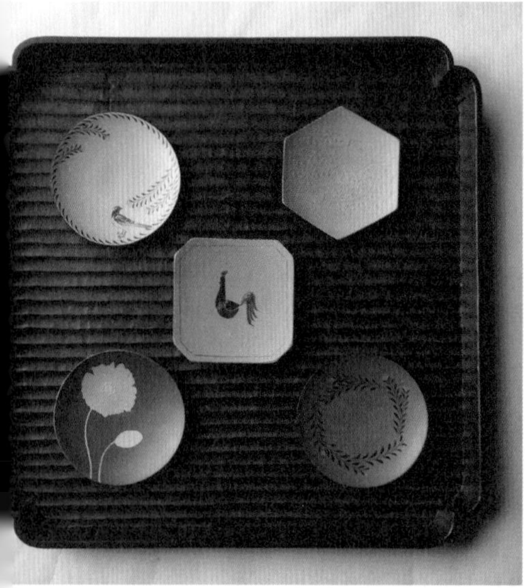

Profile

1978 年生於大阪府。2001 年畢業於京都市傳統產業技術後繼者育成研修漆工課程。同年師事於漆藝家服部峻昇。2007 年獨立。2008 年開始因專心育兒而暫時休息，2015 年重新開始創作活動。

yanosachiko

店 **043，051，060**

推薦店：mist ∞

苔岩工房

落合芝地

おちあいしばじ

木工

技法類型：木工・漆

製作品項：日式托盤・碗

美麗的方盆有著圓口雕刻刀的雕痕，使用車床削出的圓盆則能看出木紋之美。

落合先生親手製作的器皿，讓人想一輩子珍藏，並且常常使用、品味。

Profile

1975 年出生於京都府京都市。2000 年畢業於京都市傳統產業技術後繼者育成研修漆工本科。另外也學習了木工基礎與木工車床技術，2007 年於滋賀縣朽木開設工房。2012 年將工房遷移至滋賀縣大津市南小松至今。

shibajiochiai

店 **023，031，051 060，069**

推薦店：mist ∞

陶房 momo

おくじゅんこ
奥絢子

瓷器

技法類型	手拉胚・輪花・金銀彩
製作品項	茶器・酒器・皿

土耳其藍配上柔和的櫻花粉色，有著霧面手感的瓷器上加上金彩與銀彩。輪廓也很惹人憐愛，奧小姐的器皿彷彿能為生活帶來更多心動感覺。

Profile

1978 年出生於神奈川縣。1998 年畢業自武藏野美術大學陶瓷科。1998 年於東京龍泉窯就職。2011 年在東京都目黑區建窯，2015 年搬遷至東京都品川區至今。

toubou-momo.moo.jp
oku.junko
店 025，051，071

推薦店：mist ∞

出製陶

やまもとりょうさく
山本領作

陶器

技法類型	備前燒・色土
製作品項	杯・酒器・花器

備前燒能夠享受土的樸素質感。除了傳承傳統與技術，也加入練入顏料的「色土」，催生出更摩登而洗鍊的備前燒。

Profile

1978 年出生於備前，是岡山縣重要無形文化財山本出的次男，祖父山本陶秀被列為人間國寶。2001 年畢業於日本大學藝術學部美術學科。2003 年師事於父親山本出。2014年與哥哥山本周作共同成立了出製陶。

izuru-seitou.com

izuru_seitou

店 051，064

推薦店：mist ∞

醇窯

たかすけんたろう
高須健太郎

陶器

技法類型	鐵彩・線刻・粉引
製作品項	皿・杯・碗

高須先生的鐵彩作品有著原始的粗獷魅力。特殊的輪廓與質感，為作品帶來強烈存在感。

Profile

1974 年出生於福岡縣福岡市。自福岡大學法學部畢業後，受到陶藝家母親的影響，進入愛知縣立瀨戶窯業高校專攻科。其後回到福岡縣，於糸島市持續製作陶藝。

junyo1974

店 **040，051，075**

推薦店：mist ∞

まつづかゆうこ
松塚裕子

陶器

技法類型	陶器
製作品項	皿・馬克杯 冷水壺・高腳盤

是會長久地愛用下去，和幸福的記憶一起留存心底的一品。

溫柔的絕妙色澤搭配上彷彿西洋骨董般的正統派輪廓。松塚小姐的器皿有著親手刻出的浮雕，非常美麗。

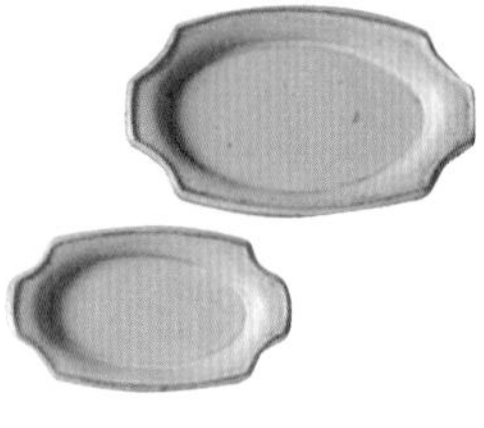

Profile

1981 年出生於福岡縣。2004 年畢業於武藏野美術大學工藝工業設計科陶瓷專攻。2006 年～ 2010 年赴神戶藝術工科大學造形學科陶藝課程擔任助手，2010 年返回東京都深大寺的自家工房開始活動。

matsunoco.wixsite.com/yukomatsuzuka

shimi_matsu

店 請至作家官網確認

推薦店：mist ∞

いとうたけひろ
伊藤丈浩

陶器

技法類型	泥釉陶・蘇打燒
製作品項	皿・馬克杯・鉢

使用泥漿繪製裝飾的技法，泥釉陶。伊藤先生是引領其人氣的作家之一。看似摩登卻滿溢著樸實的存在感，是能感受到其進化的現代民藝品。

Profile

1977 年出生於千葉縣姚子市。21 歲時移住至栃木縣益子町，於製陶所就職。其後前往美國，拜訪了各地的陶藝家。歸國後走訪了日本各地的窯業地，2006 年於栃木縣益子町開始獨立製陶。

itomashiko.exblog.jp
itomashiko
店 **001，041，051**
推薦店：mist ∞

寺村光輔

てらむらこうすけ

陶器

技法類型	製作品項
飴釉・灰釉 糠青瓷釉・黑釉 琉璃釉・泥並釉 卯斑釉・白釉	皿・鉢・馬克杯

寺村先生善於使用益子的傳統釉藥及泥土，製作出貼近現代生活的器皿。

活用在地的材料，配上獨家調配的釉藥，創造出獨一無二的色澤。

Profile

1981 年出生於東京。2004 年畢業於法政大學經濟學部後，前往益子向若林健吾學陶。2008 年建窯於益子町大郷戶並獨立。

kousuketeramura.com

kousuke.teramura

店 051

推薦店：mist ∞

阿部慎太朗

あべしんたろう

半瓷器

技法類型	壓模成形
製作品項	皿

阿部先生的希望是做出「就算是一百年後也能被當作古董來愛用的東西」。在雕出花紋的石膏模具裡鋪上陶板，用這樣的手法製作出令人喜愛的浮雕作品。

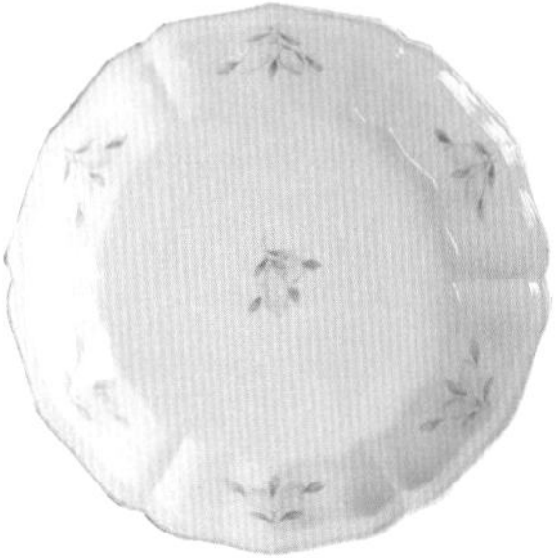

Profile

1985 年出生於香川縣高松市。就讀於駒澤大學文學部時開始接觸陶藝，畢業後進入茨城縣工業技術中心的窯業指導所釉藥科學習。學成後於定居於笠間獨立製作陶藝。

nooc.official.ec

shintaro_abe

店 025，035，087，094

推薦店：KOHARUAN

花虎窯

むそけんいち

武曾健一

陶器

技法類型：印花・絞手

製作品項：杯・皿

一個個用手壓出的可愛印花杯，如古陶瓷般美麗的絞手皿，有著渲染開的釉藥痕跡。多彩而豐富的表現力正是武曾先生的魅力。

Profile

出生於福井縣坂井市丸岡町。2008 年進入福井縣窯業指導所。在日本六古窯之一的越前燒窯場工作的同時，於 2012 年獨立，建立花虎窯於越前町。

musoken1.blogspot.com

musoken1

003，014，066，068，081，087

推薦店：KOHARUAN

どもと みちひろ・くみこ

土本訓寬・久美子

陶器

技法類型	象嵌・燒締
製作品項	急須・皿・茶杯

居住在越前進行製作的土本夫妻。他們的象嵌作品由訓寬先生製作造型，再由久美子小姐用三島手技法裝飾。器皿們洋溢著魅力，有著古陶器般的存在感。

急須＝茶壺（P151）

Profile

土本訓寬／ 1979 年出生於福井縣。於岡山縣吉備高原學校高校學習備前燒。

土本久美子／ 1976 年出生於廣島縣。於寶塚造型大學專攻視覺設計，並於曾於福井縣工業技術中心窯業指導所學習。目前在日本六古窯之一的越前進行製作。

www.facebook.com/michihiro.domoto

michihiro.domoto

店 **014，065，087**

推薦店：KOHARUAN

とみもとだいすけ
富本大輔

半瓷器
炻器

技法類型	染付・釉上彩 灰釉
製作品項	皿・鉢・蕎麥豬口

迴轉刷毛繪出的花紋簡約而古典。上了灰釉之後，更凸顯富本先生作品的穩重魅力。器皿中的鐵點是黏土中的鐵質浮上形成的，讓作品更顯溫暖。

Profile

1973 年出生於愛知縣常滑市。自愛知大學經營學部畢業後，於信用金庫就職，1998 年離職。其後於老家的窯場開始製作陶瓷，以愛知縣常滑市為活動據點。

tomimoto.daisuke
店 013，048，059，087，089
推薦店：KOHARUAN

池本窯

池本惣一

いけもと そういち

瓷器

技法類型	白瓷・染付
製作品項	皿・鉢・花器

仿若古朝鮮的白瓷器般簡約而大器的白瓷花器，以及富有趣味的染付皿。池本先生的器皿素雅且大膽，並保有忍人憐愛之處。

Profile

1979 年出生於愛媛縣伊予郡砥部町。2003 年畢業自立教大學畢業後，返回老家繼承家業並開始製作砥部燒。同時也經營著名為「鼴鼠之窯」的登窯。

moguranokama.com
so1ikemoto
店 087
推薦店：KOHARUAN

こばやしふろし・のぞみ

小林裕之・希

玻璃

技法類型	吹製玻璃
製作品項	玻璃杯・碗・皿

小林夫妻以京都伏見為據點，著手製作玻璃器皿。表面帶有波紋的六角玻璃杯，散發出復古的氛圍。

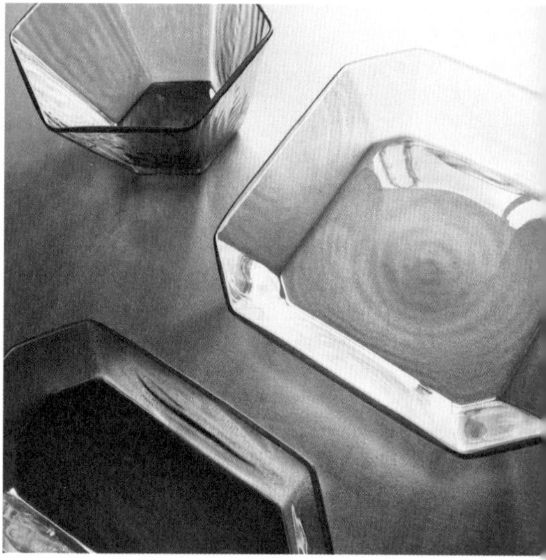

Profile

1999 年畢業於東京玻璃工藝研究所。2001 年於京都伏見設立以製作吹製玻璃為主的工房。2017 年開始改變為夫妻共同設計製作的體制。以「有存在感的作品」為目標，持續製作作品中。

www.kobayashi-hiroshi.com

kobayashi_glass_works

店 **016，087，091，100，101**

推薦店：KOHARUAN

SAKATA GLASS WORKS

さかた ひろあき

坂田裕昭

玻璃

技法類型	吹製玻璃
製作品項	玻璃杯等食器

以白色玻璃加上銀箔製作出的「雅」系列，還有製作出「魚子紋」的無把杯。時而燦爛奪目，時而可愛動人。坂田先生的玻璃總是展露出多樣化的表情。

Profile

1973 年出生。1994 年畢業於阿佐谷美術專門學校。2004 年畢業於富山玻璃造型研究所造型科，其後至富山玻璃工房就職。2007 ～ 2009 年赴七色玻璃工房就職。目前為自由玻璃創作者，以富山為據點進行製作。

www.facebook.com/hiroaki.sakata.92

hiroakisakata

店 **016，026，027，061，087，090**

推薦店：KOHARUAN

白岩燒和兵衛窯

わたなべ あおい
渡邊葵

陶器

技法類型	白岩燒・海鼠釉
製作品項	皿・豆皿 馬克杯・飾品

令人印象深刻的白岩燒，是使用秋田產的紅土覆上深藍與白的海鼠釉製作而成。繼承了傳統技術之外，也展現出渡邊小姐特有的時髦感。

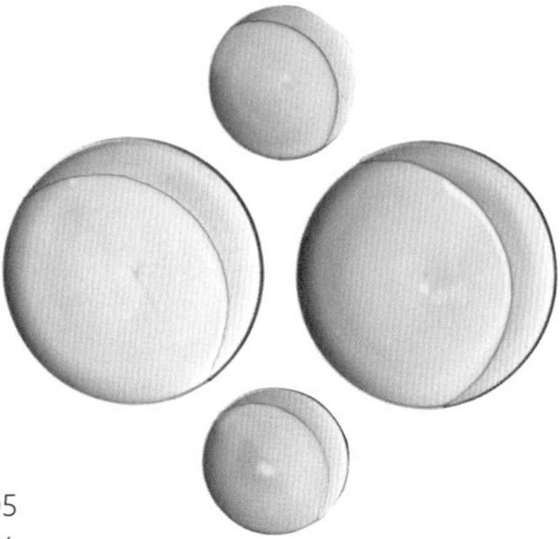

Profile

1980 年出生於秋田縣仙北市角館町。2005 年畢業於岩手大學研究所教育學研究科（美術工藝）後，師事於父親渡邊敏明。2009 年畢業於京都府立陶工高等技術專門學校研究科。2011 年開始於和兵衛窯製陶。使用秋田在地的土與釉藥，製作器皿及飾品。

www.aoiwatanabe.com

aoiw.w.w

店 **013，082，087**

推薦店：KOHARUAN

245 studio

矢萩譽大

やはぎたかひろ

技法類型	瓷器
	白瓷・銀彩
製作品項	杯・碗・盤

矢萩先生的白瓷，彷彿能讓人感受到雪國山形的澄淨空氣及靜寂氛圍。肌理細緻，觸感溫柔，像是用被冰凍的薄土製成的器皿一般纖細美麗。

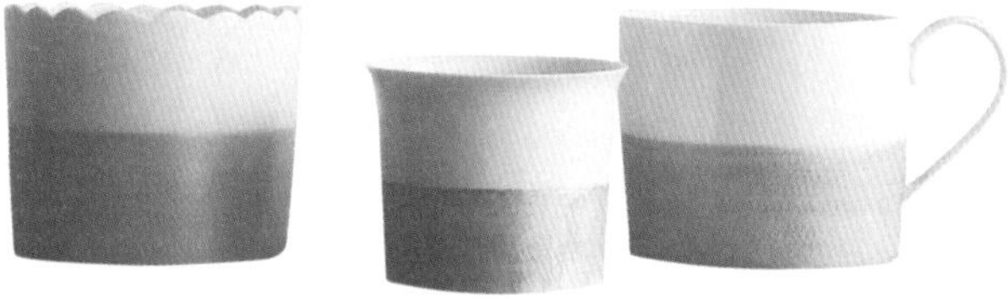

Profile

1986 年出生於山形縣。畢業於東北藝術工科大學及研究所，專攻陶藝。曾舉辦多次展覽會及個展，也獲得過許多獎項。2013 年於 NPO 法人山形縣設計網就職。2014 年任職山形工業高等學校之兼任講師。2017 年起以山形縣為據點，專心陶藝家活動中。

www.takahiroyahagi.com

yahagitakahiro

店 **007，019，052，077，087，092**

推薦店：KOHARUAN

chakka-chakka.jp

コウノストモヤ
Tomoya Kounosu

木工

技法類型	木工
製作品項	皿・砧板 日式托盤・餐具

被研磨至光滑狀態，形狀有機的湯匙，以及能夠感受木紋溫度的大盤。Kounosu 先生的木器雖然是手製品，但仍顯得精緻纖巧。

Profile

1977 年生。木工家。曾在古董家具店學習家具製作及修復。2011 年設立「chakka-chakka.jp」。除了製作家具之外，同時也著手製作多樣食器。

www.chakka-chakka.jp
chakkachakkajp
店 **087**

推薦店：KOHARUAN

村上修一

むらかみしゅういち

木工　漆器

技法類型	塗漆
製作品項	碗・筷 日式托盤

讓高門檻的漆器成為平常也能使用的器皿。

村上先生活用木製基底製成美麗漆器，隨著使用時間的增長會更顯風味，

耐久性也是其魅力之一。

就算損壞也能修補，

是能使用一輩子的器皿。

Profile

1970 年出生於福島縣磐城市。曾以青年海外協力隊的身分駐留於坦尚尼亞。2000 年於會津漆器技術後繼者養成所學習塗漆，並師事於傳統工藝士儀同哲夫。2004 年開始獨立製作。同時也參與貴重的日本產漆料原料採漆及漆器修復。

店 087

推薦店：KOHARUAN

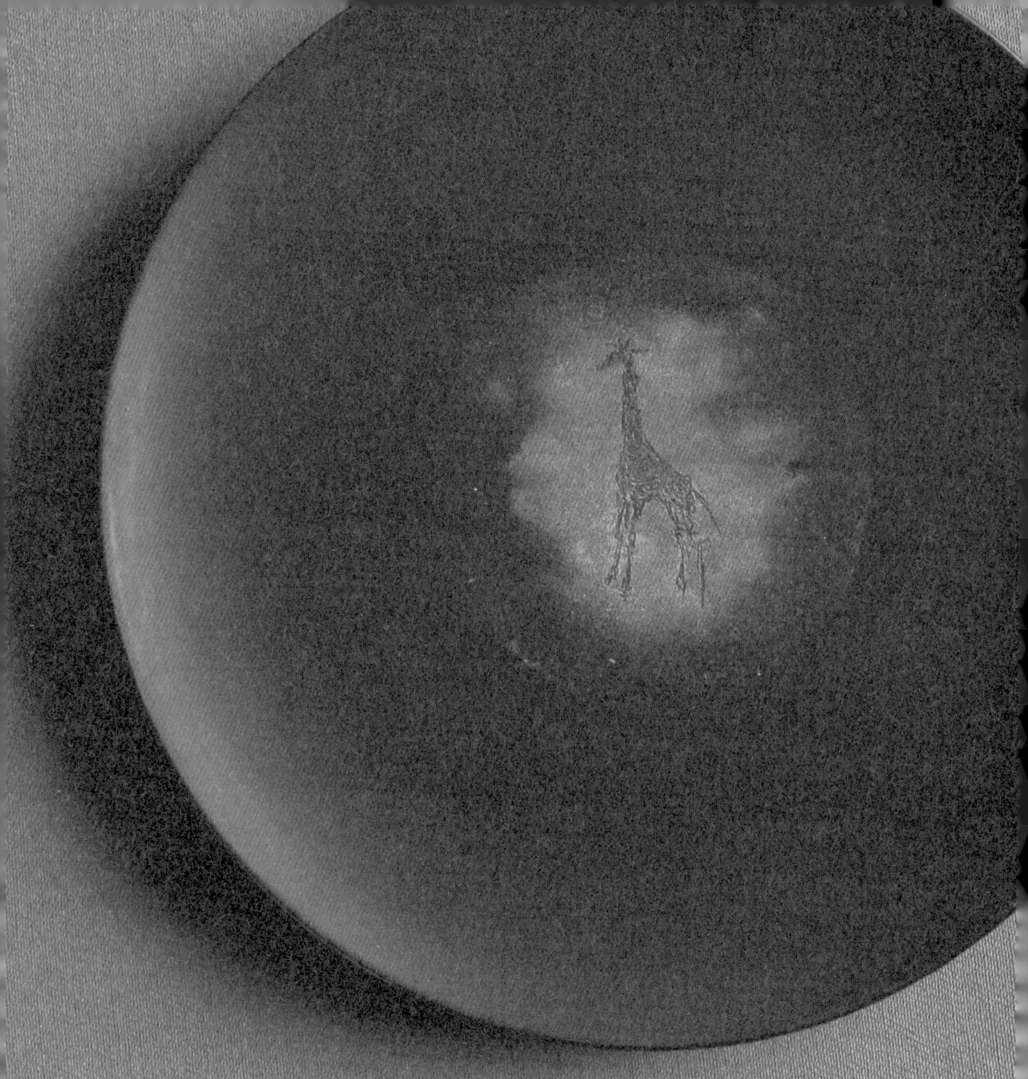

ひろかわ あつ

廣川溫

陶器

技法類型｜粉引・耐熱器皿

製作品項｜皿・杯・鍋

將瓦斯爐上煮得熱騰騰的焗烤或燉飯直接端上餐桌。這種時候馬上想到的就是廣川先生的耐熱器皿。彷彿能夠讓寒冷冬日的餐桌變得更加溫暖。

Profile

1984 年出生於滋賀縣。2008 年畢業於多治見市陶瓷器意匠研究所技術課程後，就職於土岐市內的製陶所。2012 年修習信樂窯業技術試驗場素色釉藥課程完畢後，目前以益子為據點進行製作。

atsu-hirokawa.tumblr.com

atsu_hirokawa

店 008，015，031，042，063，087

推薦店：KOHARUAN

山下陶房

やました ひでき
山下秀樹

陶器

技法類型	銀化天目
製作品項	皿・鉢・碗・杯

使用含有鐵質的釉藥搭配獨有的燒成技法，山下先生的器皿散發出燻銀霧般的銀色光澤。每一個器皿的「銀化天目」都有不同面貌，全都顯得獨一無二。

神奈川縣
伊勢原市

Profile

1992年進入桑澤設計研究所攻讀室內設計，其後於佐賀縣立有田窯業大學校學習手拉胚，並進入伊集院真理子工房門下。經歷了反覆失敗後，製作出了獨特的燻銀器皿。

yamashita_tobo

店 **042，087**

推薦店：KOHARUAN

工房禪

横田翔太郎

よこたしょうたろう

瓷器

技法類型	染付・白瓷 模具成形
製作品項	皿・碗・杯

身為有田燒「工房禪」二代接班人的橫田先生。使用傳統的「吳須繪具」繪出的染付筆跡淡淡地暈染開來，孕育出素雅的美感。

佐賀縣
西松浦郡
有田町

Profile

擅長製作有如初期伊萬里燒般染付的「工房禪」二代目。2005 年畢業於有田工業高校陶瓷科，並於就職於光學玻璃公司。2016 年自有田窯業大學校手拉胚科畢業，開始於工房禪做陶。

yokota-shotaro.com

koubo_zen

店 087

推薦店：KOHARUAN

龍同窯

宮田龍司

みやたりゅうじ

陶器

瓷器

技法類型	飴釉・白釉・灰釉
製作品項	皿・小鉢

「當食材盛放進器皿時，才是器皿完成的時刻。但就算是單純的器皿，也是能打動人心的。」宮田先生如是說。由他親手削出的凜然輪廓有著強烈的存在感。

Profile

1999 年開始師事於高內秀剛 7 年。2006 年於益子獨立建窯。2012～2017 年入選國展，2015 年獲得栃木縣藝術祭獎勵賞。目前以益子為據點進行製陶活動。

kozikozi14tatumi

店 **008，010，015，021，024**
041，046，053，077，087

推薦店：KOHARUAN

矢口桂司

やぐちけいじ

陶器

技法類型	製作品項
吳洲釉・飴釉・益子青瓷釉・黃釉	橢圓皿・鉢・馬克杯・杯

綠松石藍及柔軟的黃色。深沉的綠以及使用飴釉的咖啡色。講究地選用益子的白土，再覆上光澤豔麗的釉藥。容易使用且色彩鮮豔是矢口先生器皿的特色。

Profile

1974 年出生於栃木縣宇都宮市。於栃木縣窯業指導所學習陶藝，其後師事於坂田甚內。2006 年建窯於益子町旁的芳賀郡市貝町。

ameblo.jp/san-bou-mu-zai

keijiyaguchi

店 **049，053，073，087**

推薦店：KOHARUAN

池田大介

いけだだいすけ

陶器

技法類型：三島手・粉引　刷毛目

製作品項：皿・鉢・杯

布滿整個器皿令人印象深刻的魚骨紋。削去表面，露出裡層化妝土製作出的紋路，意外地和任何食物都很搭。

Profile

1979 年生於新潟縣，長於東京。2001 年自玉川大學文學部藝術學科陶藝專攻畢業。2002 年成為滋賀縣立陶藝之森的駐村藝術家。曾在羅工房旗下之信樂陶房製陶，2007 年將據點移至東京都町田市。

www.ikedadaisuke.com

daisukeikeda.potter

店 023，054，087

推薦店：KOHARUAN

3

能更享受於器皿挑選的基礎知識

其一

如果想更深入地了解器皿

「要是能夠自由自在地使用自己喜歡的器皿就好了……」雖然心中這樣想，但時不時總遇見沒看過的專有名詞。專有名詞看似困難，但其實知道的越多，就能更深入而豐富地體會到器皿的有趣之處。若有和藝廊工作人員或作家本人談話的機會，也能毫不畏懼的愉快攀談吧。

為了能更享受器皿帶來的樂趣，以下開始介紹希望大家能記住的基礎知識。

監修：P146 ～ 171
「生活的器皿 花田」
店主 松井英輔

器皿的大小

日式食器通常以「寸」或「號」來表示尺寸。一寸（號）是3.03公分。只要記住大概是3公分，就容易自然產生「6寸皿差不多是直徑18公分」這樣的概念。

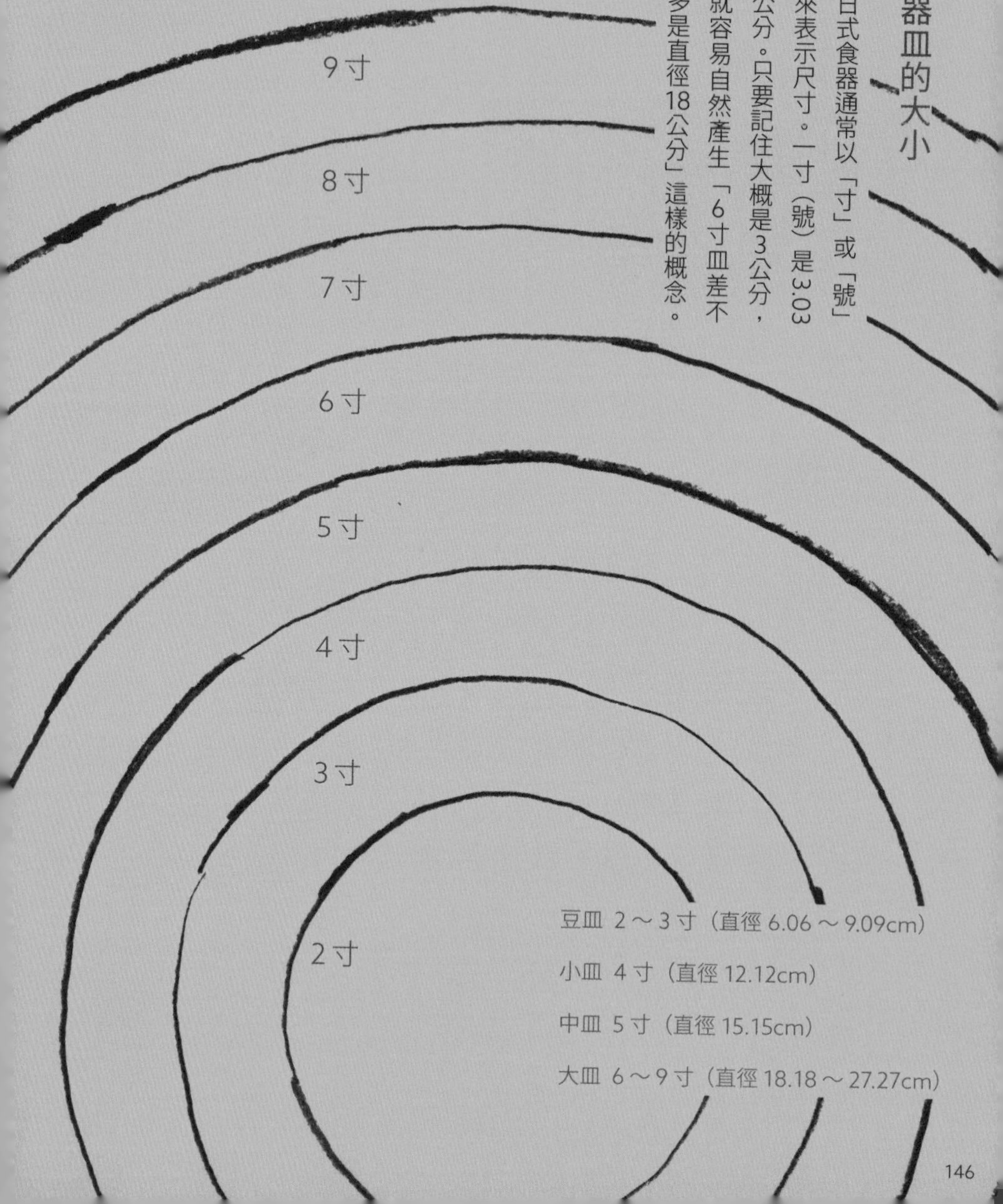

豆皿 2～3寸（直徑6.06～9.09cm）

小皿 4寸（直徑12.12cm）

中皿 5寸（直徑15.15cm）

大皿 6～9寸（直徑18.18～27.27cm）

口緣

會直接觸碰到嘴的部分。也被稱作「口邊」，中文又稱「口沿」，英文的「rim」指的也就是這個邊緣。這個部分會影響就口的感覺。

見込

器皿的內側。如果是盤皿的話，指的就是有圖案的主要部位。

胴

器皿之身。多數的茶碗或鉢會在這個部分畫上彩繪。

腰

胴的下半部到高台脇的部分。

高台脇

高台外側的周邊部分。

高台

器皿的底部，中文又稱「圈足」，指的是會接觸到桌面的部分。這部分的手感對日式茶道中用來裝茶的茶碗來說極為重要。

各部位的名稱

器皿的各個部位各有其不同的名稱，
一起來認識一下。

器皿的形狀與名稱

雖然說大致上知道皿和鉢指的是什麼，但多大算是大皿呢？想要的這個器皿形狀叫做什麼名字？一起來複習看看這些器皿的形狀和名字的分類吧。

皿

也就是盤子。
圓形的稱作丸皿，
平面的稱作平皿，
四方形的稱作角皿，
橢圓的就是橢圓皿。

豆皿

(3 寸以下／直徑約 9cm 以下)
可以用來盛放少量的下酒菜或調味料。也可以放在大皿上，或是用來當作筷架都很有趣。

小皿

(4 寸以下／直徑約 12cm 以下)
盛裝醬油或蔥等調味料，也可放醃漬小菜或鹽昆布等。

中皿

(5 ～ 7 寸／直徑約 15 ～ 21cm)
最適合用來當分食盤的尺寸。5 寸適合放配菜或蛋糕，6 寸剛好可以放一片吐司，一人份的配飯主菜則以 7 寸最為適合。是每天不可或缺的單品。

大皿

(8 寸～／直徑約 24cm ～)
能夠盛放整份主食。8 寸的話可以放得下整模蛋糕或義大利麵，要做拼盤也很適合。如果有 9 寸皿的話，就能在居家派對上活用，能夠增添餐桌上的華麗感。

鉢

具有深度的器皿。
以西式食器來說就是碗。
方形的鉢則稱為角鉢。

小鉢

(4寸以下／直徑約12cm以下)
可以放金平牛蒡或羊栖菜煮物等小菜。

中鉢

(5～6寸／直徑約15～18cm)
較淺的可以拿來當分食盤，較深的可以拿來盛裝有湯汁的配菜。

中鉢

(8寸～／直徑約24cm～)
能活躍在人多的場合。想像著京都傳統家庭料理的樣子，大膽地裝上馬鈴薯燉肉或風呂吹大根（昆布煮白蘿蔔）等帶有湯汁的料理吧。

碗

汁碗

用來裝湯的碗。在日本通常是使用漆器的碗。和飯碗一樣，因為是會用手拿著的器皿，最好是挑選適合拿在手上的形狀和尺寸。

飯碗

用來盛飯的碗。日文漢字也寫成「茶碗」，因為這個器皿一開始是為了喝茶而做出來的，之後才被拿來裝盛米飯。

丼

比飯碗再大一些的器皿。除了親子丼和茶泡飯之外，也很適合裝上烏龍麵或拉麵等麵食。

茶器

湯呑

沒有手把的茶碗。製作成細長的形狀，為的是不讓熱水太快變冷。

杯子類

馬克杯

有著足夠深度，並且附有手把。在家中或辦公室喝咖啡或紅茶都很方便。

杯盤組

深度較淺，附有手把，和托盤是一個組合。通常在有客人時使用。

無把杯

沒有手把，不論是西式或日式，各種場合和種類都能使用。也可以裝湯或是盛放甜點。

蕎麥豬口

用來裝蕎麥麵醬汁的器皿。也可以用來喝茶或是當作小鉢使用。

急須

即為茶壺。有著壺嘴和手把，能夠泡出好喝的日本茶的道具。

汲出

寬口的小茶碗。可以用來飲用昆布茶或櫻湯（櫻花漬茶）。

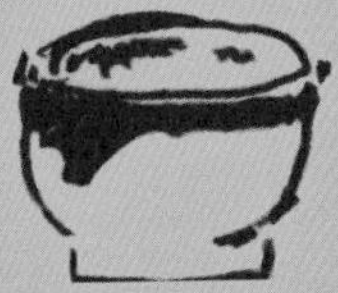

酒器

德利

瓶口較窄，用來倒日本酒的容器。因為倒酒的時候發出的聲音很接近「德利」而命名。也被稱作「銚子」。

豬口・吞杯

用來喝日本酒的器皿。通常口緣較寬，往底部漸漸收窄的是豬口，比豬口再大一些的被稱作吞杯。

片口

沒有把手，為了方便液體倒出所以附有注入口。用來盛裝涼拌菜或小菜也別有風情。

花器

花入
即為花器。是用來
插花的器皿。

一輪插
適合用來插上一、兩朵
花的小花瓶。

水瓶

冷水壺 & 醒酒器
冷水壺通常有把手。體積較小的可
以當作奶精杯使用，體積中等的則
可用來裝沙拉醬。體積較大者用來
當花器也很好看。

鍋

土鍋
因為加熱速度慢，所以可以燉煮
出食材的鮮甜，讓料理呈現出更
有深度的味道。也因為擁有高耐
熱性，烹煮完畢後也能直接上桌。
用來煮米也能炊出飽滿的白米飯。

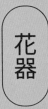

玻璃杯

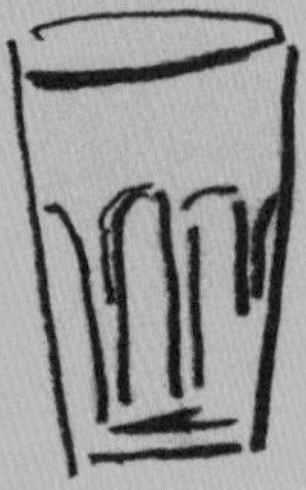

長平底杯（tumbler）

平底的玻璃杯。可以用來喝水或紅茶。

高腳杯（goblet）

長平底杯加上高腳的款式。可以用來喝水或啤酒。

玻璃高腳酒杯（stem glass）

有高腳的玻璃杯。配合各種紅酒、香檳等酒的款式，為了要更襯托出酒的味道，從口徑的大小到形狀、拿取的手感等都有許多講究之處。

烈酒杯（shot glass）

用來喝威士忌等烈酒，一口可飲盡大小的玻璃杯。

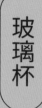

盆

托盤・盆

用來盛放東西的器皿。用餐時可以放上碗和小缽，放上茶器與和菓子就能在下午茶時間享用。

砧板

有著手感紋路的話，也很適合拿來當盤子使用。可以裝上麵包和起司，直接端上餐桌。

餐具類

餐具

用來吃西式食物的刀叉類。像是刀子、叉子、湯匙等等。

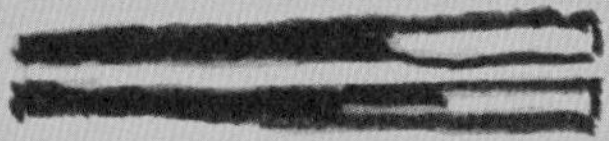

筷子

通常以木材或竹子製作。也有塗抹上漆的漆筷，金屬、象牙、塑膠製的也都有。除了個人使用的筷子之外，也有做菜時使用的料理筷和公筷等。

筷架

用來放置筷子的器皿。可以蒐集各式各樣的素材及形狀。

湯匙

日文漢字寫作「蓮華」，特別指食用中華料理時使用的湯匙，因應器皿不就口的飲食文化而生。

器皿的材質

陶瓷又被稱為「燒物」，是練土後做出形狀，最後再燒製而成的物品。根據土的材質不同，大致上可分為陶器和瓷器。另外也有木製、漆器、玻璃等素材製作而成的器皿。

陶器

材料是由大自然採集而來的黏土。也因此又被稱為「土物」。是上了釉藥之後，以大約 1200 度的溫度燒成，在日本流傳的燒物。不上釉藥的陶器則稱為「柴燒陶」或「燒締」。

- 表面較粗糙
- 厚度厚
- 吸水性高，較難乾燥
- 容易沾染污漬
- 重量偏重
- 加熱慢，冷卻也慢

表面較光滑

厚度薄

吸水性低，容易乾燥

較難沾染污漬

重量較輕

加熱快，冷卻慢

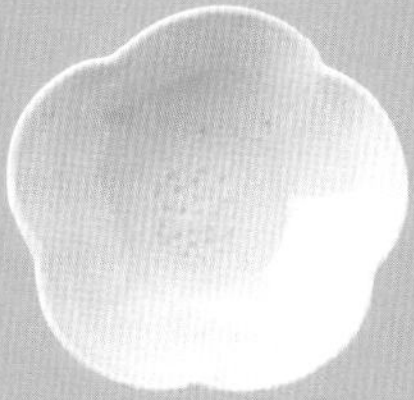

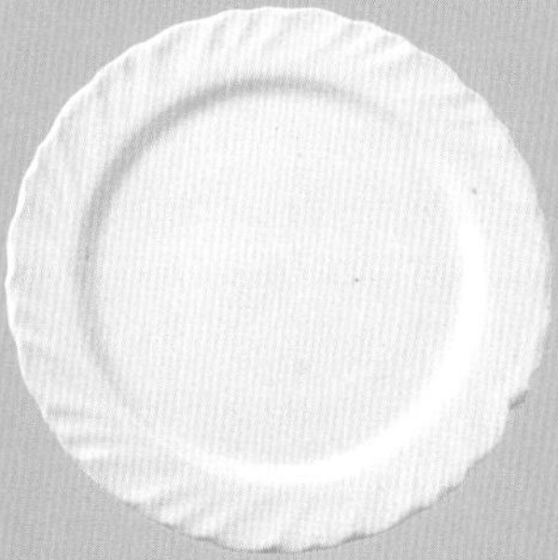

瓷器

材料是由山上採集來的陶石和土。也因此又被稱為「石物」。是上了釉藥之後，用大約 1300 度的高溫燒成，由中國傳入的燒物。輕輕敲打，會發出類似金屬的聲音。

木工

所謂的木工，就是雕刻木頭，並將之削製出形狀。

材料為樹木，除了櫸木、日本七葉樹、樺木、栗木、紫檀等之外，最近也增加了許多由歐美或海外進口的木材。

整體氛圍也會根據不同的木種而改變。

有以機械或手工雕製的日式托盤、擁有手感溫度的湯匙等餐具，或是別有風情的砧板等品項。

重量輕

不容易導熱

根據表面加工方式不同，有的會容易吸收食物味道

盛裝生食要特別注意

在表面乾燥時，塗抹上一層芝麻油等油類就能保持光澤

表面撥水，容易乾燥

不耐溫差

玻璃

玻璃是將三種原料混合、融化後再塑形製造的物品。

把石頭打碎製成的矽砂、燃燒草木後得到的碳酸鈉、以及石灰混合在一起，用高溫熔化。

接著使用金屬管捲起玻璃熔液，吹氣使之成形的稱為「吹製玻璃」，另外施作雕刻等加工的則稱為「雕花玻璃」。

漆器

在木製基底上，反覆塗抹上漆製成的物品。材料是由漆木採取的樹汁。為了增加強度，需要塗抹上好幾層。之後也要用砥石反覆磨製才能完成。日本國產漆的自給率只有２％，其中的七成都在岩手縣二戶市的淨法寺採收，並使用來修復國寶及美術品。手法簡約的淨法寺塗、能強調木頭紋路的鎌倉彫、具裝飾性的京漆器和輪島塗，有著各式各樣的表現手法。

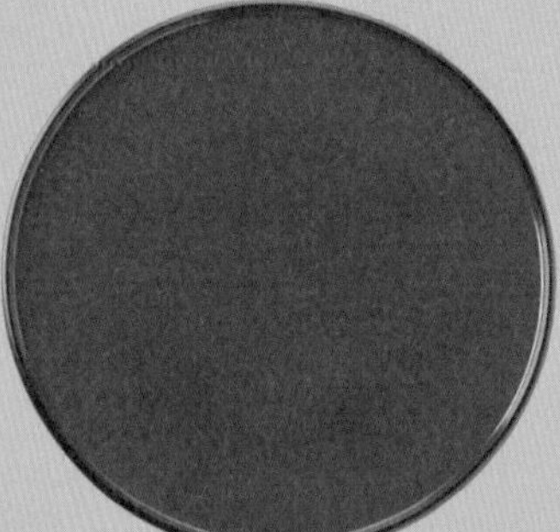

質感溫潤

重量較輕

導熱性低，冷卻也慢

釉藥是什麼?

釉藥指的是包覆在陶瓷表面的薄塗層。

除了可以維持器皿表面的美觀和手感之外，也能杜絕水分、髒污和撞擊帶來的損傷。

釉藥的原料來自天然的礦物和灰燼，經過燒成後，會變化成玻璃質。

根據比例和原料的組成，顏色和質感會產生無限變化。

除了將整個器皿都浸泡進釉藥的方法之外，

也可以使用刷毛塗抹部分，或是用淋釉的方式來達到裝飾的效果。

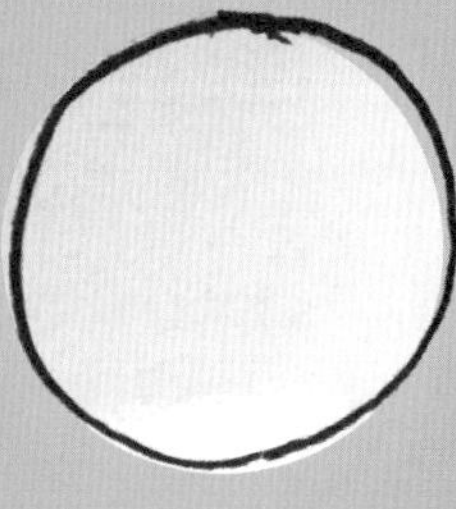

透明釉

主要原料為長石和灰燼。燒成後會像玻璃一般無色透明。會在想要強調白瓷等白色基底之美時，或是在釉下彩的外層使用。

灰釉

主要原料為草木的灰燼。不同原料的灰會產生不同的色澤，但大致上都會呈現淡雅而溫柔的質感。

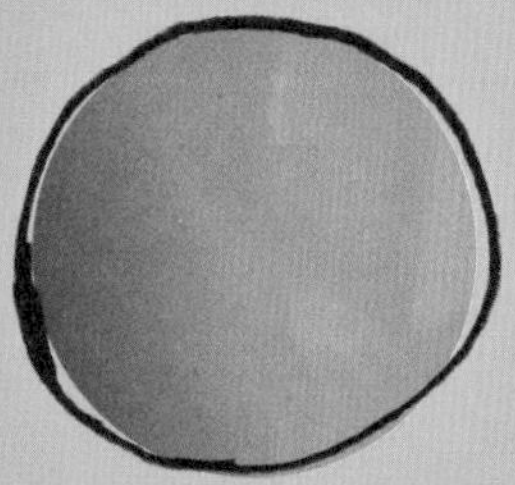

青瓷釉

在灰釉裡加上氧化鐵而成。還原燒後會呈現藍綠色，氧化後則會變成黃褐色和黃色。

織部釉・綠釉

主要原料為灰釉和少量的銅。氧化燒後會有著深綠色的發色。

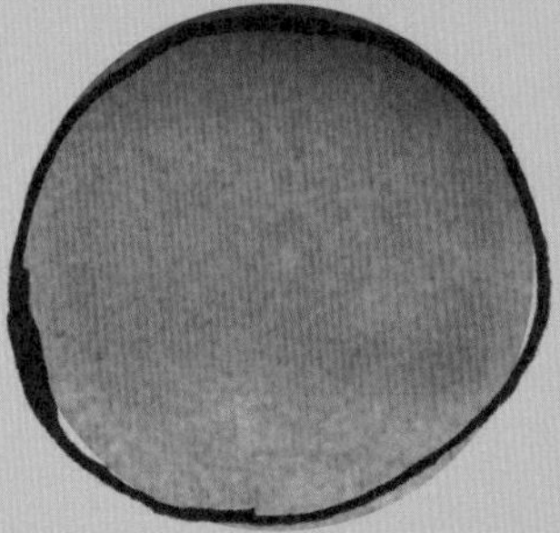

飴釉

主要成分為鐵。氧化燒後會呈現咖啡色或黑色系等帶有光澤的糖漿色。如果只薄薄地塗上一層，會變成黃綠色。

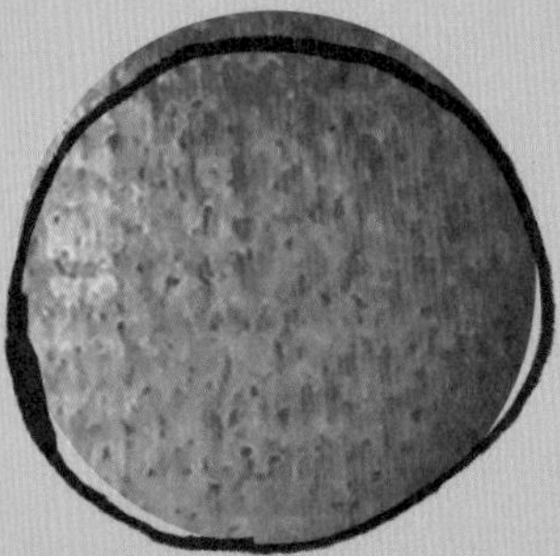

海鼠釉

海鼠指的是海參。因為藍白斑紋看起來像海參而得名。另外不透明也是其特徵。

瑠璃釉

主要原料是加了氧化鈷的透明釉。有著鮮豔的深藍發色是它的特徵。

※**氧化燒**：窯在充分燃燒的情況下，讓氧氣和釉藥成分結合

※**還原燒**：窯在缺氧狀態下，使之不完全燃燒，以去除釉藥裡含有的氧

景色是什麼

陶瓷是委以火焰製成的。雖然可以在腦海裡大致設想完成的模樣，再去製作形狀和上釉，但畢竟素材的土還是來自大自然。而且要完全掌握火候還是有其困難度，在燒成時，土壤中的成分可能以意想不到的方式展現出來。又或者是釉藥也可能因為含氧程度的不同，展現出超乎想像的變化。「景色」指的就是根據火焰的變化，所展現出不同的表情與氛圍。不均勻質地帶來的韻味，以及手作帶來的質感，都是陶瓷人喜愛的原因之一。

垂釉

釉藥在燒成中流動形成的痕跡。

貫入

高溫燒成後，冷卻時形成的細微裂痕。

鐵粉

因釉藥內的鐵質所形成的褐色斑點。

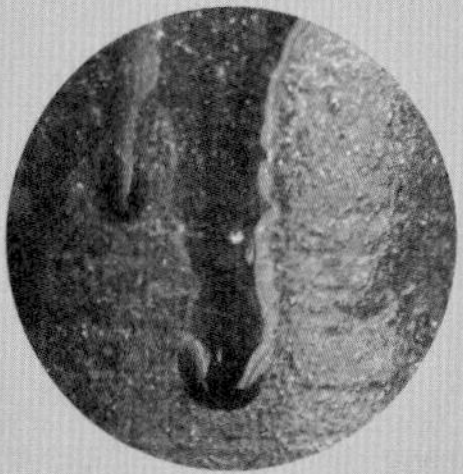

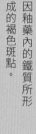

繪付是什麼

繪付指的是在素色陶瓷胚體彩繪上畫或是圖案的技法，大致上可分為下繪付（釉下彩）和上繪付（釉上彩）。

下繪付

中文稱為「釉下彩」，在成形後的素色胚體上，使用顏料彩繪，施以透明的釉藥後再高溫燒製。

染付

使用鈷料製成的染料吳須做彩繪，燒成後會變成藍色。也被稱作「青花」。

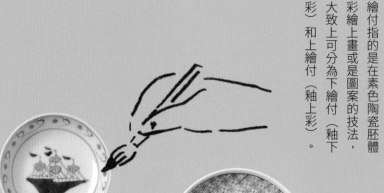

上繪付

中文稱為「釉上彩」。
在上釉並燒成之後，
使用色繪顏料繪製，
再以 800 度左右的溫度燒製。

色繪

使用紅、綠、黃、紫、藍等上繪顏料繪製而成。又被稱作「赤繪」。中文稱作「五彩」。

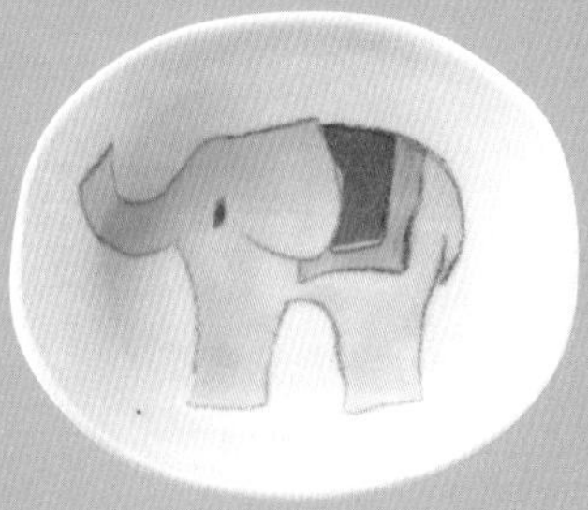

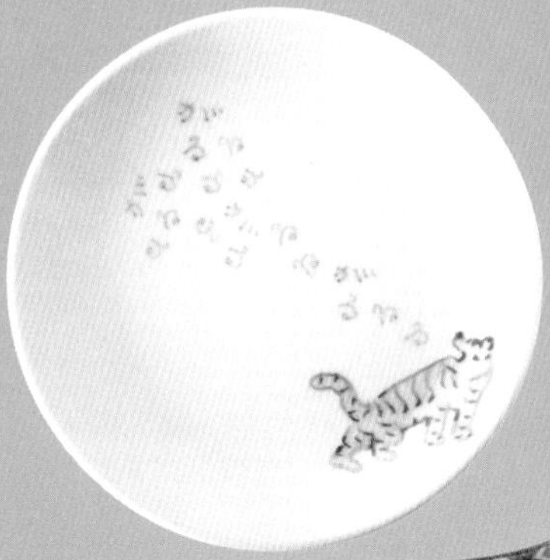

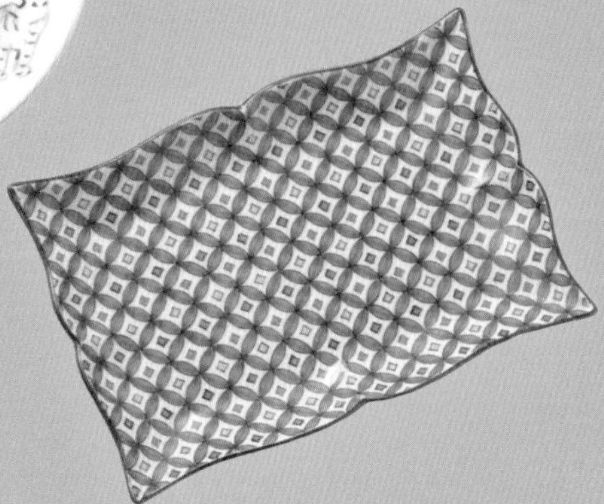

各式各樣的技法

除了繪付之外，還有各種裝飾技法。另外也有許多上色和成形的技法。這裡以書中有出現的物件為依據來向大家解說。

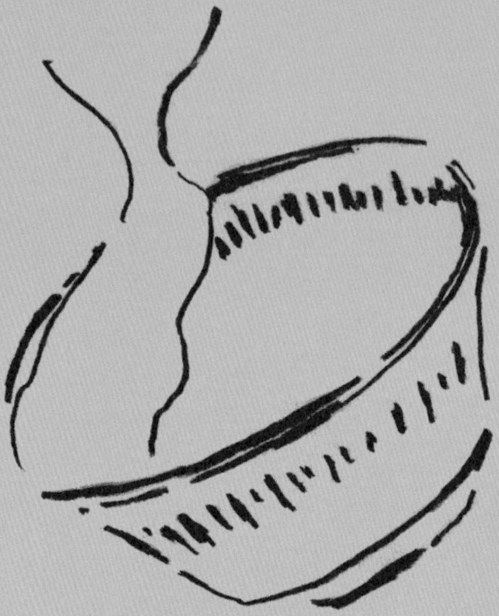

上色的技法

化妝土

塗抹上與胚體不同顏色的土的技法。為了讓使用暗色土的胚體能夠更顯色，會塗抹上白色的泥漿。

粉引

化妝土技法中，使用白色泥漿塗布整體，再施以透明釉的作品稱之為粉引。

鐵繪

使用含有鐵質的顏料砂鐵彩繪，燒成後會變化為黑色或褐色的作品。

三彩

使用兩種以上的色釉使其互相暈染的技巧。會使用低溫也能燒成的鉛釉。因會分開淋上不同的釉藥，也被稱作「掛分」。

裝飾的技法

刷毛目

用筆刷塗抹化妝土的技法。

鎬

在器皿成形後，用雕刻刀等工具削切出造型的技巧。

陽刻・陰刻

做出凹凸讓花紋浮起的技法。

泥釉陶（Slipware）

歐洲的傳統技法。在素色基底上以泥狀的化妝土（slip）做裝飾彩繪。也是器皿分類的一種。

印判

用類似版畫的方法將圖案轉印的技法。

印花

使用類似印章的模具壓上以形成圖案的技法。

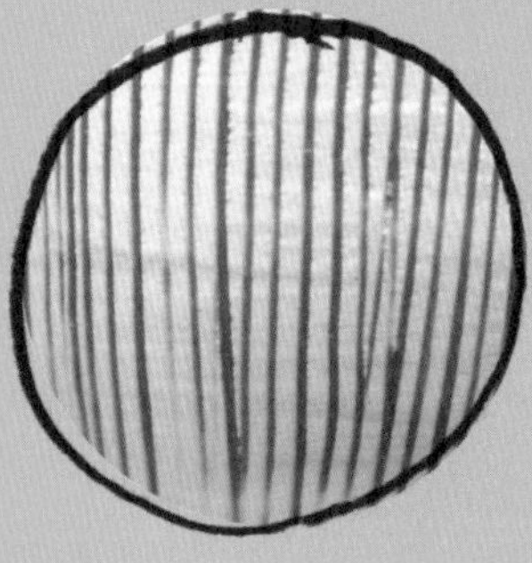

一珍（堆花·筒描）

擠泥浮雕，一邊擠出土，一邊在器皿表面畫出立體的圖案。

櫛描

使用梳子在素胚上刻劃出線條。

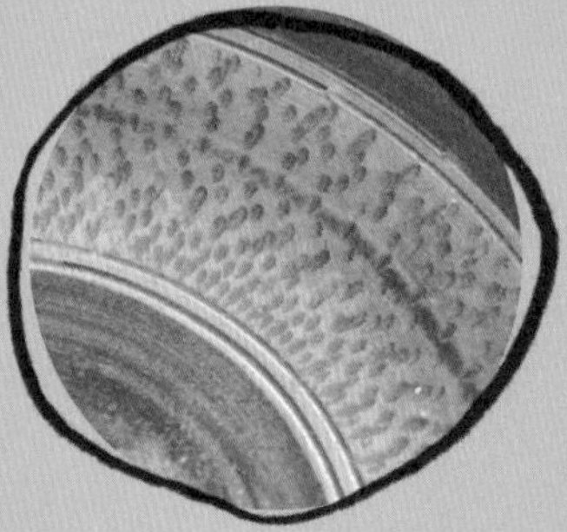

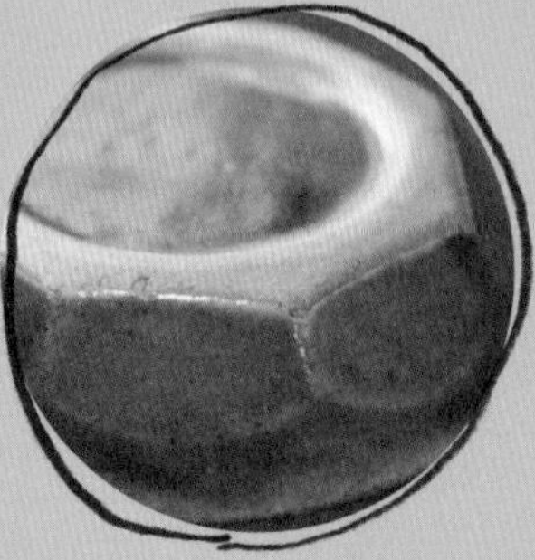

飛鉋

將器皿放置於轆轤上，一邊旋轉一邊以雕刻刀輕觸，製作出細緻的圖樣。

面取

在較厚的土胚器皿側面上，使用雕刻刀或切土器削成表面。

蒔繪

在漆器表面用漆繪製圖案或花樣，再在其上撒上金、銀、錫等粉末的日本傳統技法。

銀彩・金彩

使用銀泥及金泥，或銀箔及金箔的裝飾技法。和染付及色繪一起組合出的技法則稱作「金襴手」。

象嵌

在器皿表面雕刻出圖案後，於凹陷處補上白土，再上釉藥燒製而成。「三島手」也是象嵌技法的一種。

搔落

又稱作「剔花」。在上過化妝土後，將部分化妝土刮落，以做出線或面的圖樣。

成形的技法

轆轤成形［陶瓷器］

陶板成形是指先用黏土做出厚度均一的陶板，再切割組合成形的技法。壓模成形則是將陶板壓進石膏或木製的模具內製作成形的技法。

手捏［陶瓷器］

不使用電動轆轤及機械，單純用雙手成形的技法。可以自由地做出各種形狀。

陶板成形・壓模成型［陶瓷器］

陶板成形是指先用黏土做出厚度均一的陶板，再切割組合成形的技法。壓模成形則是將陶板壓進石膏或木製的模具內製作成形的技法。

型吹 ［玻璃］

將吹製玻璃夾擠進以金屬或石膏製成的模具中成形的技法。

刳物 ［木工］

使用刀具雕刻木頭製作的技法。不管是什麼形狀都能自由做成。

挽物 ［木工］

使用木工用轆轤，邊旋轉邊用刀具雕刻製作的技法。

文樣的種類

繪製在器皿上的圖樣稱為「文樣」。大部分的題材都是日本人生活周遭的花花草草，或是帶有吉祥象徵的圖案。

砥草

彷彿生長在水岸的草一般的直條紋圖案。

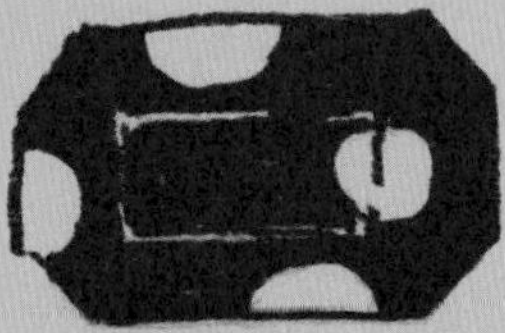

丸紋

圓形的圖案。也會在圓裡繪上花樣，或是像水滴般排列。

市松模樣

以正方形排列而成的格子圖案。兩色交互排列而成。

文字

文字構成的圖案。大部分是寫上像「福」或「吉」等吉祥的文字。

青海波

重疊多個半圓來呈現波浪狀的圖案。大部分使用染付技法繪成。

唐草

用曲線來呈現植物的藤蔓蜷曲糾纏模樣的圖案。因為能感受到生命力，也被當作是家族興旺的吉祥象徵圖案。

瓢

瓢＝葫蘆的圖案。被當作子孫滿堂或無病無災的吉祥象徵物繪製於器皿。

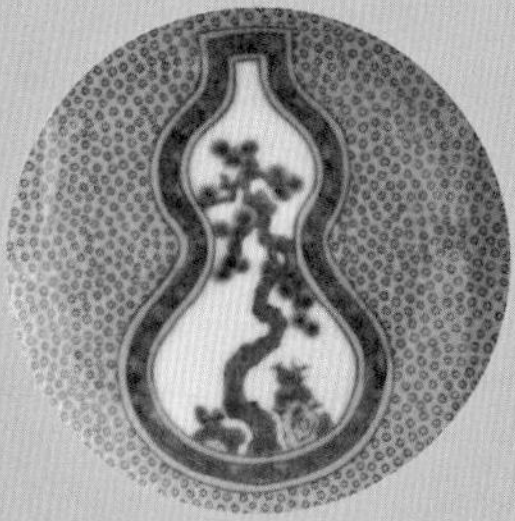

網目

像是捕魚使用的漁網一般，曲線交錯的圖案。是自古流傳下來具有傳統的圖案，有繪製得纖細精緻的，也有隨興灑脫的。

幾何學模樣

三角形或四方形等多邊形、圓形等組合了多個幾何圖形繪製出的圖案。

花鳥

結合了花草與鳥類的圖案。自古以來便時常被繪製在器皿上。

唐子模樣

唐朝童子的圖案。描繪出他們以中國風髮型及服裝在玩耍的樣子。

在藝廊備受注目的推薦作家55人

其二

作家介紹的 Part 2。以陶瓷器為首，還有漆器、木工、玻璃等，這裡將會介紹經手各式各樣不同作品的作家們。

同時也整理了個人網站和社群媒體等資料，大家可以在確認最新情報之後前往展覽或市集看看，其中一定能發現新的樂趣。

尋找作家作品，以及使用它們的樂趣

出自器皿作家之手的「作家作品」。不同於工業製品，是以作家獨特感性所製作出的物件。就算是看似相同的基本盤皿，每一個也都有著不同的表情，「獨一無二」也是其一大魅力。

就算是不經意伸手拿起的馬克杯，根據製作者的為人處世及生活型態，或對製作物件的信念及技術等等也會有所不同，了解了背景之後，也會更加深對器皿的感情。

另外在了解當代的作家時，有時也會有發現作家「風格的變化」的樂趣。如果發現了中意的作家，別忘了多多觀察他的作品。

作家推薦者
P174～「生活的器皿 花田」店主 松井英輔
P209～「器皿 百福」店主 田邊玲子

なかまち いずみ

中町 Izumi

瓷器

技法類型	製作品項
色繪・染付	皿・小鉢 杯・筷架

滑雪和雪山、熊和老虎。中町小姐的器皿充滿玩心地繪製了這些有趣的題材。

親人又帶有調皮氣息的圖案非常有人氣。

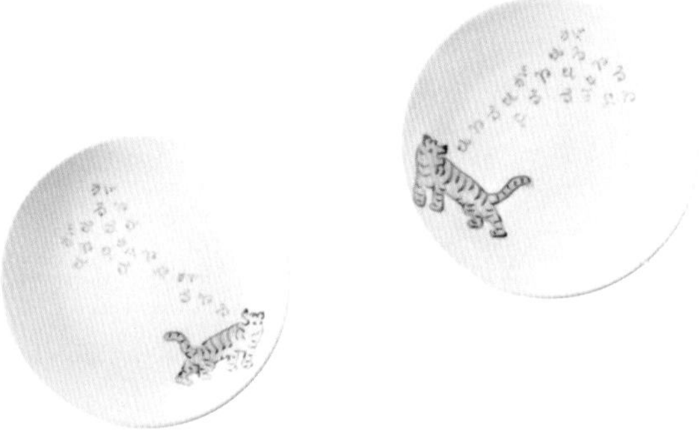

Profile

1976 年出生於湘南。大學時開始學習陶藝，2002 年進入妙泉陶房師事於山本長左。2006 年於石川縣能美市開始獨立製作，現在將窯遷徙至富山縣富山市，持續製作中。喜歡登山。

n_i_ceramics

店 **029，078，093，094**

推薦店：生活的器皿 花田

まつもと いくみ

松本郁美

瓷器

技法類型	搔落
製作品項	皿・杯 高腳碗・高杯

以削除不需要的部分留下圖案的「搔落」技巧，繪製出柔和的動植物和圖案。是能夠感受到溫度與懷念氣息的器皿。

Profile

2001 年畢業於成安造型大學造形設計學科環境設計科。2018 年在滋賀成立工房。受到中國古陶器的形狀及圖樣影響極深。講究手繪質感，重視繪出的表情、運筆的流暢，以及躍動感。

ikumi-ceramic.com

ikumi.matsumoto

店 **031，066，094，098，099**

推薦店：生活的器皿 花田

studio fujino

ふじさき ひとし
藤崎均

木工

技法類型	木工
製作品項	角皿・丸皿

橡木、櫸木、櫻桃木及胡桃木，使用各種樹材，以充滿品味的方式小心處理，才能做出藤崎先生的木製器皿。把獨一無二的美麗木紋放上餐桌吧。

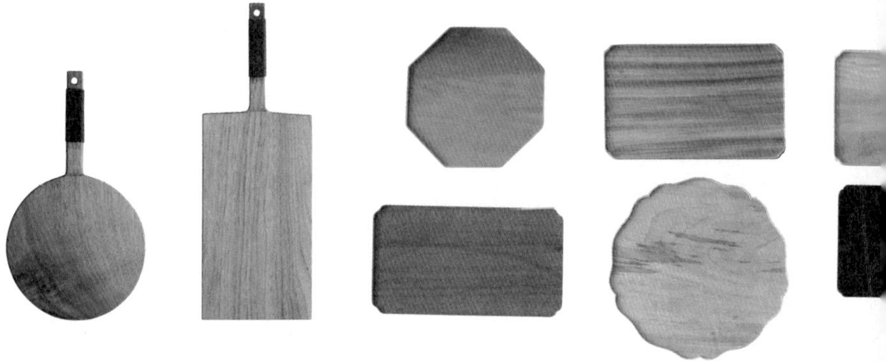

Profile

木工家具職人。日本大學藝術學部畢業後，就職於株式會社檜木工藝。2001 年赴義大利，於米蘭成立工房，製作訂製家具。2007 年將工房遷回日本，在陣馬山的山麓之下，享受著豐沛的自然，每天與木頭面對面交流。

studiofujino.com

studiofujino

店 **022，030，094**

推薦店：生活的器皿 花田

やじま みさお
矢島操

瓷器
半瓷器

技法類型	色繪・搔落
製作品項	皿・鉢・碗・杯

強烈的黑白單色搔落以及筆觸柔軟的色繪。使用多種不同的手法，「有故事的器皿」就此誕生。

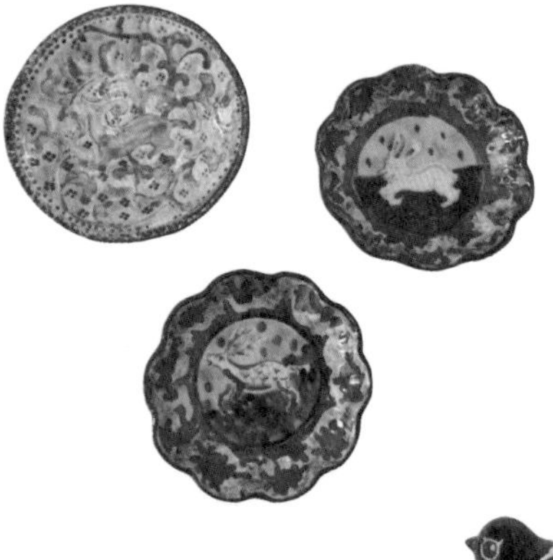

Profile

1971 年出生於京都。1994 年自京都精華大學造形學部美術科陶藝畢業。2000 年將工作室搬遷至滋賀縣大津市比叡平。希望能製作出有季節感與場域性的器皿，以及能感受到故事性的器皿。

misao_yajima

店 021，045，060，094

推薦店：生活的器皿 花田

朝虹窯

よみやたかし

余宮隆

陶器

技法類型：白濁釉・灰釉・刷毛目
粉引・飴釉・鐵釉

製作品項：皿・鉢・馬克杯・壺

余宮先生誕生自擁有豐沛自然的天草市。杯子及碗的鎬文令人印象深刻。在西洋風的輪廓上施以白濁釉和飴釉，產生的獨特質感魅力十足。

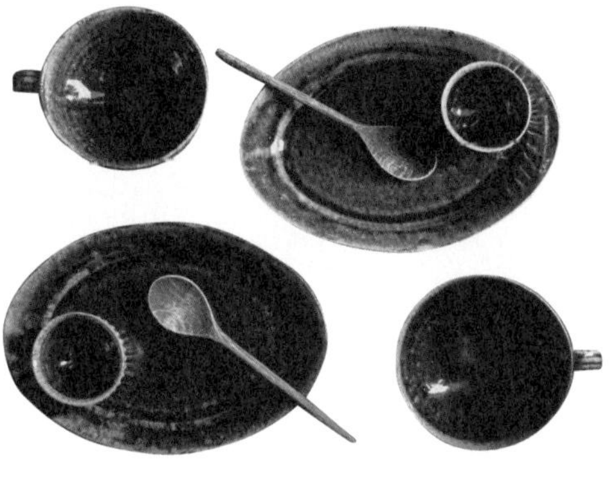

Profile

1972 年出生於熊本縣天草市。19 歲開始至唐津學習，師事於中里隆。24 歲時回到天草，於天草丸尾燒學習。30 歲建立工房與窯，現在以個展為主，持續活動中。

asaniji.jp
yomiyatakashi
店 028，039，055，057，094
推薦店：生活的器皿 花田

いとう あきのぶ

伊藤聰信

陶器 瓷器

技法類型	印判・色繪・白瓷
製作品項	皿・鉢・碗・杯

伊藤先生的色繪，利用宛如蓋印章般的技法「印判」去做出圖案。能感受到各種國家的風情與時代，有著獨特的世界觀。

Profile

1971 年出生於兵庫縣。1996 年畢業於名古屋藝術大學美術學部設計科。1999 年於日本六古窯之一的愛知縣常滑市建窯。

www.ito-akinobu.com
itoakinobu

店 011，017，035，062，094

推薦店：生活的器皿 花田

すぎもと たろう

杉本太郎

陶器

瓷器

技法類型	製作品項
陶器	茶碗・鉢・皿

使用了「縞文」、「丸文」和「掛分」等圖案，有著京都高雅氣息，又具有幽默感的玩心，這就是山本先生的器皿。

Profile

1970 年出生於京都。畢業於京都精華大學美術學部。師事於陶藝家近藤闊後獨立。在京都持續做陶，發揮個人實力，獲得許多獎項。

店 021，086，094

推薦店：生活的器皿 花田

日高直子

ひだかなおこ

陶器・瓷器

技法類型	製作品項
染付	豆皿・角皿 小鉢・蕎麥豬口

具有幽默感的三賢者及姿態悠閒的動物。日高小姐的器皿畫上了討人喜歡的繪付，能替日常生活增添一些小小的喜悅。

Profile

1972 年出生於神奈川縣。2011 年畢業於愛知縣窯業高等技術專門校。2011 ～ 2015 年就職於岐阜縣的製陶所，2016 年搬遷至岡山縣，開始個人製作。目前與同為器皿作家的丈夫日高伸治一起進行陶藝製作。

naoco_hidaka

店 008，038，044
074，081，094

推薦店：生活的器皿 花田

安齋新・厚子

あんざい あらた・あつこ

陶器

瓷器

技法類型	主要為拉胚 模具成形
製作品項	皿

夫妻共同製作出的纖細形體。由古今中外的各式物件及靈活的想法中誕生，簡約且具有獨特的世界觀。

Profile

安齋新／ 1971 年出生於東京。1998 年畢業於佐賀縣立有田窯業大學校轆轤科本科。
安齋厚子／ 1974 年出生於京都府京都市。1996 ～ 1999 年師事於寄神宗美。2003 年畢業於京都市工業試驗場專修科。

aaanzai

店 **017，033，035，050，058，067，091，094**

推薦店：生活的器皿 花田

崔在皓

チェジェホ

瓷器

技法類型	白瓷
製作品項	鉢・壺・花器

能夠清楚感覺到在轆轤之上誕生之柔軟線條的白瓷器皿。有時候充滿光亮，有時候顯得潤澤。隨著光線改變的質感極富魅力。

Profile

1971 年出生於韓國釜山。畢業於首爾弘益大學陶藝科。2019 年留日第 16 年，對於日本人看待陶瓷的看法及態度有所感銘，決定移住日本。2004 年遷窯至山口縣，專心於白瓷製作。

jaeho.choi55

店 **006，067，079**
091，094

推薦店：生活的器皿 花田

山田隆太郎
やまだりゅうたろう

陶器

技法類型	粉引・土彩 鐵彩
製作品項	皿・鉢 酒碗・花器

簡約的同時也有著厚重的存在感。山田先生的器皿洋溢著土製品特有的魅力，總是能穩穩地承接著料理。

Profile

1984 年出生於埼玉縣。2007 年畢業於多摩美術大學環境設計學科，2010 年自多治見市陶瓷意匠研究所畢業。並在多治見市開始獨立製陶。2014 年將工房遷移至神奈川縣相模原市並持續製作。

ryutaro4126

店 **084，094**

推薦店：生活的器皿 花田

寬白窯

きしのかん

岸野寬

陶器

技法類型	白瓷・燒締
製作品項	茶碗・酒器 壺・花器

「想做出能經由使用而讓生活變得更美好的物件」岸野先生這麼說。用真摯的態度面對古陶，醞釀出的陶器成就了獨特世界。

Profile

1975年出生於京都府精華町。畢業自京都市立銅駝美術工藝高校陶藝科。師事於伊賀土樂窯福森雅武。2004年開窯於伊賀市丸柱。

www.ict.ne.jp/~kanhaku

店 005，094，095

推薦店：生活的器皿 花田

よしおかしょうじ
吉岡將貳

陶器

技法類型：染付

製作品項：皿・鉢・杯・豬口

以扎實技術為基礎的「九谷藍」。吉岡先生活用被鍛鍊過的才能，復甦了古伊萬里文樣。

Profile

1994 年畢業自石川縣九谷燒技術研修所，於妙泉陶房就職。師事於山本長左學習染付。2002 年於九谷青窯就職。2008 年開始獨立創作。

twitter.com/00661133yy

店 094

推薦店：生活的器皿 花田

いわだてたかし・たくみ

岩館隆・巧

漆器

技法類型	淨法寺塗
製作品項	碗

引領著使用國產漆之「淨法寺塗」的岩館家。
在岩手縣二戶市傳承了三代的漆器世家。
不只是值得慶賀的日子，在日常生活中也能長久使用，正是漆器的魅力。

岩手縣
二戶市

Profile

岩館隆／現居於岩手縣二戶。身為塗師與淨法寺塗的傳統工藝士，致力於淨法寺塗的復興。
岩館巧／兒子巧為第三代，21 歲開始學習，目前以塗師身分活躍於業界。

店 094

推薦店：生活的器皿 花田

とみやまこういち

富山孝一

木工　漆器

技法類型	木工
製作品項	盆・折敷 器皿

富山先生的木製道具，在呈現現代感的同時也散發出侘寂氣息。不忤逆素材，忠實的呈現，將其製作成具有韻味的作品。

Profile

木工作家。以神奈川縣橫濱市青葉區為據點活動中。

www.tomiyamakoichi.com

koichi_tomiyama

店 **009，020，033，057，094**

推薦店：生活的器皿 花田

硝子工房 風花

なかやまたかし

中山孝志

玻璃

技法類型	吹製玻璃
製作品項	酒杯・杯 長平底杯

像是要融化般的質感，以及手感舒適的簡約輪廓。同時保有優雅感與溫度，中山先生的玻璃器皿能讓生活的格調更上一層樓。

Profile

1965 年出生於京都。師事於中島九州男。1995 年設立硝子工房「風花」於岡山，希望能製作出「容易使用的物件、百看不厭的物件」。

takashi_nakayama_glass

店 094

推薦店：生活的器皿 花田

三窯

あべはるや
阿部春彌

瓷器

技法類型	製作品項
陽刻・面取・鎬	皿・鉢・碗 馬克杯・筷架

華麗的輪花皿，陽刻及仔細用面取技法刻上的龜甲文。阿部先生的器皿之中，具有幽默感的筷架也很有趣。

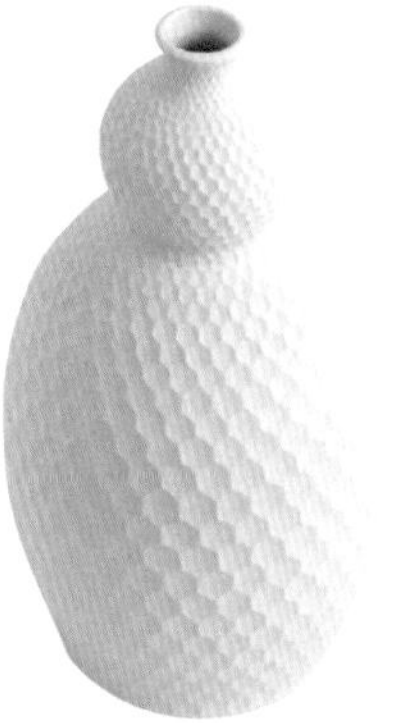

Profile

1982 年出生於長野縣上田市。自愛知縣窯業高等技術學校畢業後，師事於備前陶藝家山本出。2004 年弱冠 20 多歲時即築窯於長野縣上田市，開始獨立製陶。

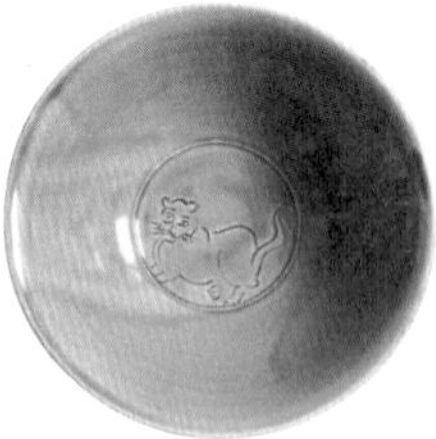

haruyaabe.com
abe_haruya
店 **034，039，058，072，094**

推薦店：生活的器皿 花田

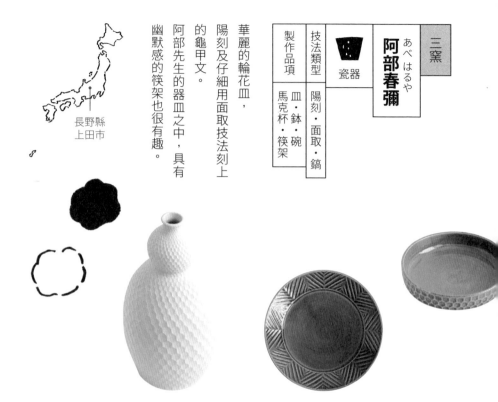

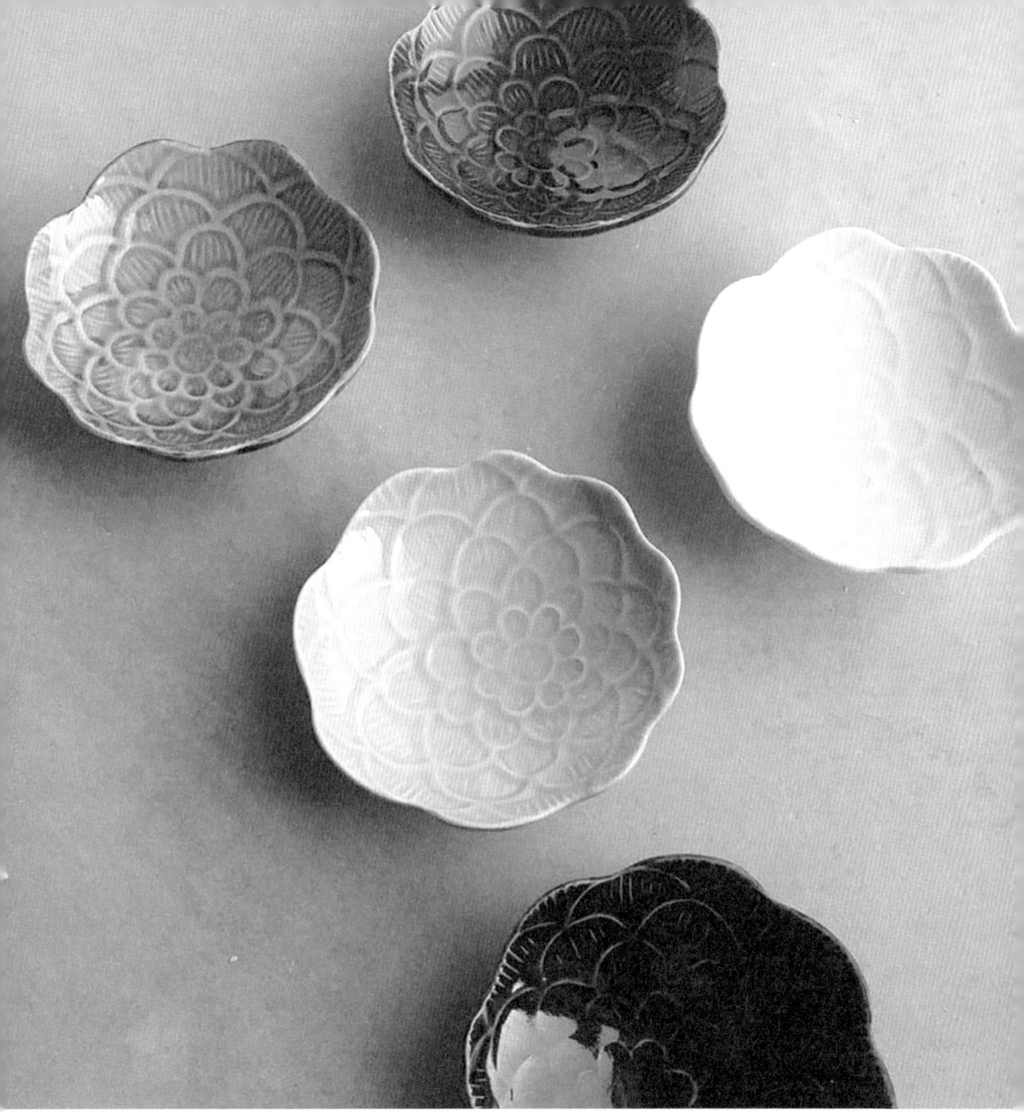

稲村真耶

いなむら まや

瓷器

技法類型：白瓷・染付・瑠璃釉

製作品項：皿・鉢、馬克杯・壺

「希望在盛上料理的時候能呈現最美的姿態」稲村小姐這麼說。靜靜伴隨著日常生活的柔和藍色染付極具魅力。

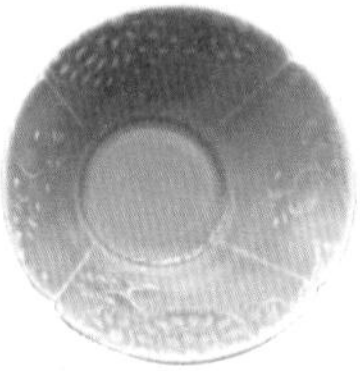

Profile

1984 年出生於愛知縣常滑市。自愛知縣立瀨戶窯業高等學校陶藝專攻科畢業後，師事於藤塚光男。學習 4 年後，2009 年於京都鳴滝開窯。2010 年於比叡山坂本建窯。現在則於滋賀縣大津市比叡山之山麓做陶中。

inamura-maya.com

inamuramaya

店 **047，055，060，070，094**

推薦店：生活的器皿 花田

おかだなおと
岡田直人

陶器
半瓷器

技法類型	製作品項
白釉	緣皿・壺 碗・杯

岡田先生的白色器皿讓人想起歐洲的古董老件。俐落的輪廓裡，不管裝上日式、西式或中式料理，都能呈現出其魅力。

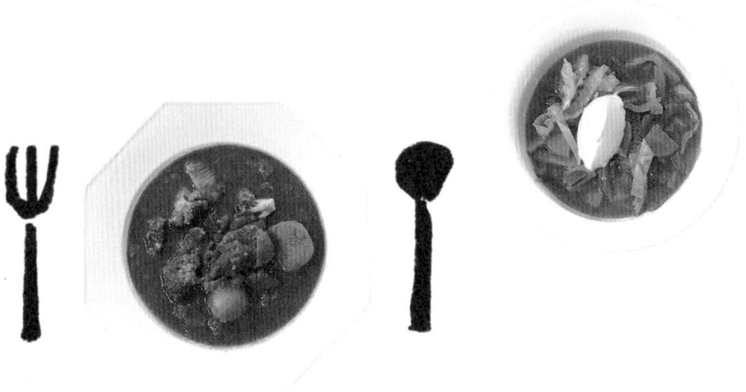

Profile

1971 年出生於愛媛縣松山市。於石川縣的九谷青窯工作 10 年後，2004 年於石川縣小松市設立工房。2014 年將工房搬遷至現址。以「製作出活用素材，沒有多餘部分的簡約作品」為心中準則。

naoto416

店 **094**

推薦店：生活的器皿 花田

向山窯櫻越工房

增渕篤宥

ますぶちとくひろ

陶器

技法類型	釉象嵌・砥草紋
製作品項	皿・鉢 蓋物（有蓋容器） 急須（茶壺）

手心大小的杯子上，施作的紋路纖細且優美。增渕先生用他的技巧製作出的器皿，猶如寶物一般，散發出強烈的存在感。

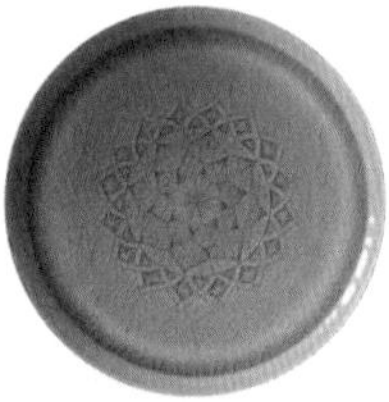

Profile

1970 年出生於茨城縣笠間市。1988～1990 年於東京設計師學院、愛知縣立瀨戶窯業高等技術專門校學習。曾駐於瀨戶喜多窯霞先陶苑、笠間笠間燒窯元向山窯、宮崎縣綾照葉窯，2005 年於宮崎縣北諸縣郡高町獨立。2010 年搬遷至宮崎縣小林市。

kzg-ss.com

kzg.sakuragoe_tokuhiro ／ sakurakoeru

店 **094**

推薦店：生活的器皿 花田

にしやまよしひろ

西山芳浩

玻璃

技法類型：模吹玻璃

製作品項：酒杯・碗・瓶・冷水壺

搖曳的光與影。
西山先生的玻璃世界，
同時保有著溫度和涼爽感。

Profile

1979 年出生於愛媛縣。1997 年進入 The Glass Studio in 函館，1998 年至 SUWA 玻璃之里，2001 年於播磨玻璃工房擔任指導員，2004 年為金澤卯辰山工藝工房之研修生，2007 年開始服務於金澤牧山玻璃工房。

店 004，037，039，056，094

推薦店：生活的器皿 花田

GORILA GLASS GARAGE

いくしま はるみ

生島明水

玻璃

技法類型	吹製玻璃
製作品項	酒杯・杯・花器

就像盛開的花朵一般，色彩繽紛且明快，這就是生島先生的玻璃作品。使用多樣性的技法製作出有個性的酒杯，擺上一個就能讓餐桌風景更加有趣。

靜岡縣
西伊豆市

Profile

1971 年出生於東京。1995 年畢業於多摩美術大學玻璃專攻。2001 年於西伊豆設立玻璃工房 GORILA GLASS GARAGE。以吹製玻璃為首，使用各式各樣的技法製作器皿。

haruglass_ggg
店 036，094，096，097

推薦店：生活的器皿 花田

花月窯

宮岡麻衣子

みやおかまいこ

瓷器

技法類型：染付・白瓷・瑠璃釉

製作品項：皿・鉢・豬口

宮岡小姐的器皿以初期的伊萬里燒為基礎，同時又保有現代風的動人之處。植物和圖樣的美與料理的平衡，值得細細欣賞。

Profile

1974 年出生於橫濱。畢業於武藏野美術大學油繪學科。在愛知縣窯業高等技術專門學校學習後，2004 年於東京都青梅市設立花月窯。鍾情於初期伊萬里燒的獨特韻味，抱持著想傳達其魅力的想法，使用染付、白瓷、瑠璃釉等技法製作器皿中。

kagetsuyou.com

kagetsuyou

店 **039，084，094，095**

推薦店：生活的器皿 花田

古賀雄二郎

こがゆうじろう

陶器

技法類型：粉引・刷毛目 燒締・灰釉

製作品項：皿・鉢

有著不裝模作樣的氛圍並且仍然易於使用，古賀先生的器皿能襯托出料理的美。溫柔的色澤，也很容易搭配其他器皿。

Profile

1964 年出生於神奈川縣。1982 年自東京造型大學休學，師事於松岡哲。1985 年畢業於瀨戶窯業訓練校，1989 年於瀨戶市場之根町開窯，目前以愛知縣新城市為活動據點。

店 094

推薦店：生活的器皿 花田

Mercury Studio

大庭一仁
Kazu Oba

陶器
瓷器

技法類型
鹽釉・燒締・粉引

製作品項
皿・鉢・茶杯・杯
冷水壺・花器

活躍於美國的
Kazu Oba 先生。
自由而大器，大尺
度的風格為其魅力。

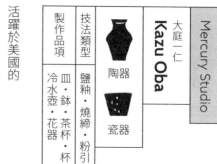

美國
科羅拉多州

Profile

1971 年出生於兵庫縣神戶市。17 歲前往美國後師事於 Jerry Wingren4 年，其後於唐津師事於中里隆 2 年。2004 年於美國科羅拉多州獨立。以科羅拉多的工作室為據點，在世界各地做陶。

www.obaware.com
kazu_oba
店 **084，094**
推薦店：生活的器皿 花田

清水 Naoko

しみず なおこ

瓷器

技法類型：染付・色繪・鐵繪

製作品項：皿・鉢・豬口

就算只是日常的配菜和菜餚，清水小姐的器皿也能讓餐桌更添色彩。古典而優雅的氛圍與溫柔的可愛感並存，色繪及染付極有魅力。

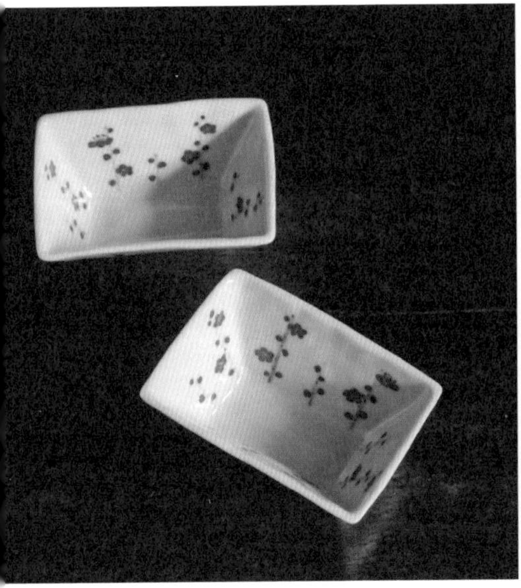

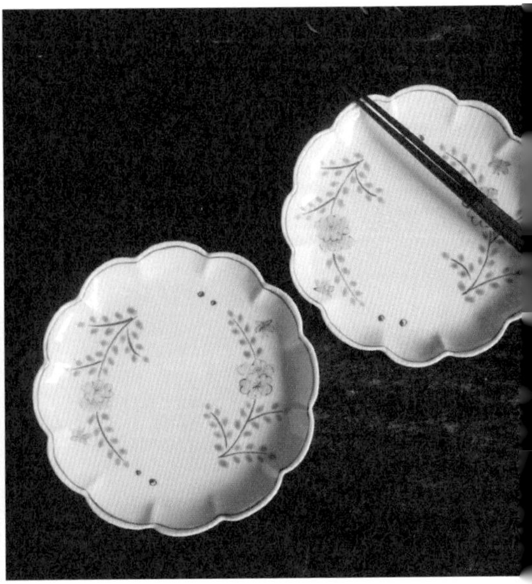

Profile

1974 年出生於大阪府。1997 年畢業於京都精華大學美術學部 造型學科陶藝專攻後，師事於藤塚光南。2000 年與丈夫土井善男一起於京都龜岡開始獨立製作。

naoko.shimizu.doi

店 **025，039，073，084**

推薦店：器皿 百福

ふるかわ さくら

古川櫻

瓷器

技法類型	染付・色繪
製作品項	皿・鉢・碗

以沉穩的筆觸畫出繽紛的色繪以及大器的染付。保證能讓每天的用餐時光都變得更加開心而期待。

Profile

1980 年出生於奈良縣。2004 年畢業於京都教育大學。2006 年畢業於多治見市陶瓷器意匠研究所後，現在以奈良縣為據點，與父親古川章藏共同製作陶瓷。

utautable.exblog.jp

utau_shokutaku

店 **031，073，084**

推薦店：器皿 百福

3 能更享受於器皿挑選的基礎知識 其二

如果想更深入地了解器皿

每天在享受器皿所帶來的樂趣時，「這個到底是從哪裡流傳過來的呢？」、「這個材質是怎麼誕生的呢？」可能會像這樣對器皿的傳統開始感到興趣，這裡整理了一些歷史故事，了解之後會更能享受其中。透過更深入的認識，說不定也會對手邊的器皿擁有更深的感情。

監修：P212～221
「生活的器皿 花田」
店主 松井英輔

日本器皿的歷史

由土物開始的日本器皿

日本自古就有用土製作盤皿和土甕等器皿的傳統。8 世紀時受到中國及朝鮮半島的影響，開始出現了色彩鮮豔的綠釉，也有模仿唐三彩施以綠、咖啡、白色釉藥的「奈良三彩」出現。9 世紀時開始使用灰釉製作陶器，以現在的愛知縣為中心流傳開來。

六古窯誕生的中世紀

從平安時代末期到室町時代，以六古窯及其周邊區域為中心，製作出許多不上釉藥，單純高溫燒製，堅硬又有耐水性的燒締等燒物。接著鎌倉・室町時代開始，在上流階級之間十分珍視從中國流傳而來的「唐物」。到了桃山時代，在瀨戶和美濃等地能採得質地良好的黏土，再施以由中國傳來的釉藥技法，就製作出了日本自有的器皿。室町時代後期，誕生了從「茶道」到「侘」、「寂」等獨特的日式之美，也漸漸孕育出其文化。

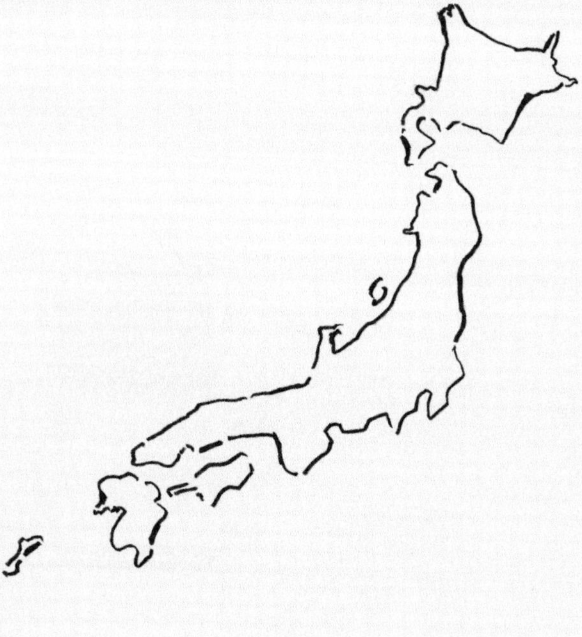

六古窯

從中世紀到現在，
有著歷史傳統的窯業地

瀨戶（愛知縣瀨戶市）
常滑（愛知縣常滑市）
備前（岡山縣備前市）
丹波（兵庫縣丹波篠山市）
信樂（滋賀縣甲賀市信樂町）
越前（福井縣越前町）

由大名擴大了產地的安土桃山時代

安土桃山時代，織田信長以及豐臣秀吉會贈與器皿給家臣作為獎賞。戰國時代的武將們與茶道邂逅並熱中其中。

備前和信樂為了茶道愛好者製作出許多茶器與花器等陶器。京都則為了體現「侘茶」精神，製作出了樂茶碗。

在出兵朝鮮的同時，戰國大名們將陶工帶回，彷彿在互相競爭似的爭相在自己的領地建窯。於是鹿兒島縣的薩摩燒、福岡縣的上野燒、山口縣的萩燒等新的產地也陸續增加。另外以美濃區域為中心的岐阜縣，則催生了濃綠色印象的織部、黃瀨戶、瀨戶黑、志野等深具魅力的種類。

侘茶＝茶道的其中一種，代表人物為茶聖千利休。

陶瓷器在庶民之間流傳開來的江戸時代

進入江戸時代後，以佐賀縣有田為中心，開始了瓷器的製作。從中國學習了染付、色繪技術後迅速的發展，17世紀後半開始透過「荷蘭東印度公司」出口至歐洲。「伊萬里燒」也是在此時因為由伊萬里的港口運出而得名。另外同樣位於佐賀縣的鍋島藩則製作出了使用染付、青瓷、色繪的鍋島燒，並進獻給德川將軍一族。在出口用的瓷器和高級瓷器發展的同時，被稱作「Kurawanka（くらわんか）」的庶民陶瓷器也開始大量生產。陶瓷器原本只屬於大名和富裕的經商人家，正是在江戸時代，才慢慢普及至庶民的生活裡。

Kurawanka（吃嗎）＝江戸時代庶民使用的粗製瓷器之統稱。語源為江戸時代，食物販售船上小販「飯くらわんか（吃飯嗎）」的叫賣聲。

製作者的存在變得更靠近的現代

除了製作者和使用者之外，在器皿的文化中，還有「鑑賞者」的存在。古時候就有由像千利休那樣的意見領袖去鑑賞查定物件價值的歷史。現代則有提出民藝品價值的哲學者柳宗悅、隨筆家白洲正子等名字隨之浮上。先是憧憬這些具有見識的名人，接著在雜誌上閱讀他們所認可的作品，然後在藝廊看見實品……像這樣的過程是很常見的。

從憧憬到共鳴

除了透過像這樣的鑑賞者和藝廊之外，現代的網路和社群媒體也成為龐大的情報來源。有許多作家都會透過 Instagram 或 Facebook 分享自己的情報，這樣就很容易記住作家的名字和風格，從令人憧憬的存在變得更加靠近。製作者和使用者的距離，從來未曾這麼靠近過。

此外，除了傳統的陶器市集之外，最近還有許多工藝、手作市集等等，能夠親自和作家及作品有所接觸的機會也增加了。同時自己的價值觀和美感也能變得更多元。無論任何人，都能更自由地去選擇適合自己的物件。

器皿的這些那些小知識

想要找多人派對用的大皿……

這個技法有名字嗎？

有這個作家的其他作品嗎？

這個盤皿適合裝怎樣的料理呢？

想要送禮的話有推薦的品項嗎？

這個作家是怎麼樣的人呢？

能夠享受藝廊的竅門

販售器皿的藝廊和店家有非常多，造訪時是不是總忍不住擔心著「不購買也沒關係嗎」、「應該要說些什麼比較好呢」？

「享受於找尋自己喜歡的物件，不購買也沒有關係。透過一陣子的觀看，眼睛也習慣了之後，就可以開始看到更多東西。不需要慌張，請更自在地度過在店裡的時光吧。」生活的器皿 花田的店主松井先生這麼說。

透過在藝廊和店家交談，選擇器皿也能變得更加有趣。例如，試試看類似上面的幾個問題吧。

你知道國產漆嗎？透過購買就能守護傳統

「漆」是日本的傳統工藝之一。由於最近很有人氣的金繼也會使用，讓漆料好像更貼近生活了一點。但是大家知道漆究竟是什麼樣的東西嗎？

漆是從漆樹科樹木的樹汁中，透過長時間少量慢慢採取得到的貴重之物。日本國內所使用的漆有98％由國外進口，國產漆只占了2％。貴重的國產漆生產地岩手縣二戶市的淨法寺町，也曾經在戰後，因進口漆和合成樹脂變得太容易入手，而差點中斷生產。但在採漆師岩館正二及兒子岩館隆（可參考P193）等人的努力之下，成功守護了具有傳統的淨法寺塗。

日本的傳統工藝能夠持續下去，也是因為它深入了我們一般人的生活。透過我們持續的購買及使用，就能進入守護傳統與產地的鏈結中，助它們一臂之力。

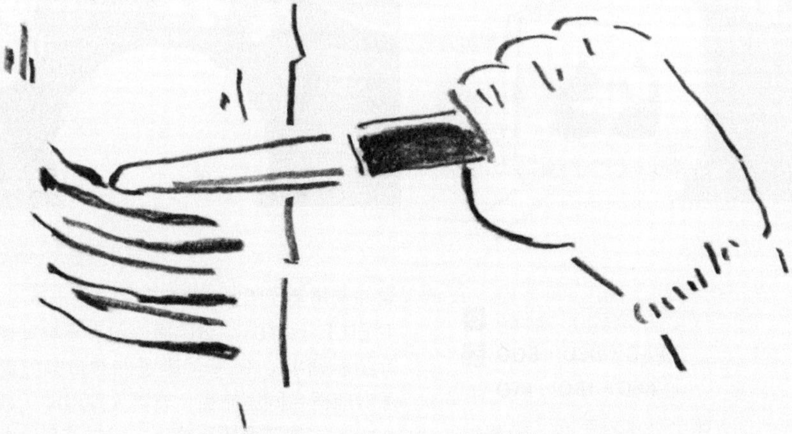

想知道的保養方法

如果想要長久地使用器皿，那就需要記住保養的方法。基本上應該要避開微波爐和洗碗機。另外如果是剛買回家的器皿，則需要在使用前多下一些工夫。

使用前

土鍋

不要急著清洗，首先應該要先開鍋。用布輕輕擦拭之後，放進米或麵粉，加入七～八分滿左右的水後開火。等到內容物變成漿糊狀後就可以熄火，再放置一個晚上。

陶瓷器

沾上水或洗米水大約 20 分鐘後讓器皿乾燥。可以防止器皿沾染顏色和氣味。

保養方法

陶器

由於表面有許多細孔，如果水分殘留的話有可能會發霉。在盛裝食物之前可以先過水，讓水分包覆表面，這樣就可以讓食物的油脂和味道不殘留。使用後要充分乾燥。

色繪・金彩

清洗時太過用力的話，上繪（釉上彩）有可能會剝落，請用海綿輕輕地清洗。

土鍋

要避免空燒。其特質為容易升溫，不容易冷卻，所以料理時使用小火～中火可以讓土鍋壽命更長久。使用之後待冷卻後再清洗，並且不要長時間浸泡在水裡。

燒締

使用棕刷清洗的話，表面會漸漸變得光滑，整體質感也會跟著改變。

漆器

由於不適合長時間乾燥，每天都使用是最好的。使用過後須盡快清洗，不要長時間浸泡在水裡。清洗後以布巾擦乾。

想知道的日本主要產地 MAP

好像稍微知道又好像不太清楚。好像常常聽說〇〇燒，但到底是在哪裡製造的呢？這種時候這份「主要產地 MAP」就能派上用場。

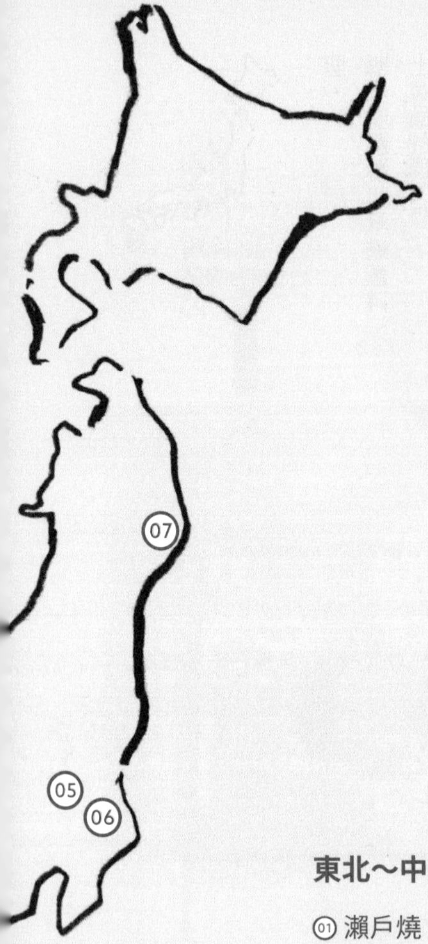

東北～中部區域

01 瀨戶燒（愛知縣瀨戶市）
02 常滑燒（愛知縣常滑市）
03 九谷燒（石川縣）
04 越前燒（福井縣）
05 益子燒（栃木縣）
06 笠間燒（茨城縣）
07 小久慈燒（岩手縣）

四國・中國區域

⑧ 萩燒（山口縣）
⑨ 石見燒・溫泉津燒（島根縣）
⑩ 出西窯（島根縣）
⑪ 布志名燒（島根縣）
⑫ 因州中井窯（鳥取縣）
⑬ 備前燒（岡山縣）
⑭ 砥部燒（愛媛縣）
⑮ 清水燒（京都府）
⑯ 信樂燒（滋賀縣）
⑰ 丹波燒（兵庫縣）

沖繩・九州區域

⑱ 唐津燒（佐賀縣東部・長崎縣北部）
⑲ 波佐見燒（長崎縣）
⑳ 鹿田燒（大分縣）
㉑ 小石原燒（福岡縣）
㉒ 有田燒（佐賀縣）
㉓ 小代燒（熊本縣）
㉔ 薩摩燒（鹿兒島縣）
㉕ 沖繩燒（沖繩縣）

「やちむん（Yachimun）」
＝沖繩方言的「燒物、陶瓷」之意。

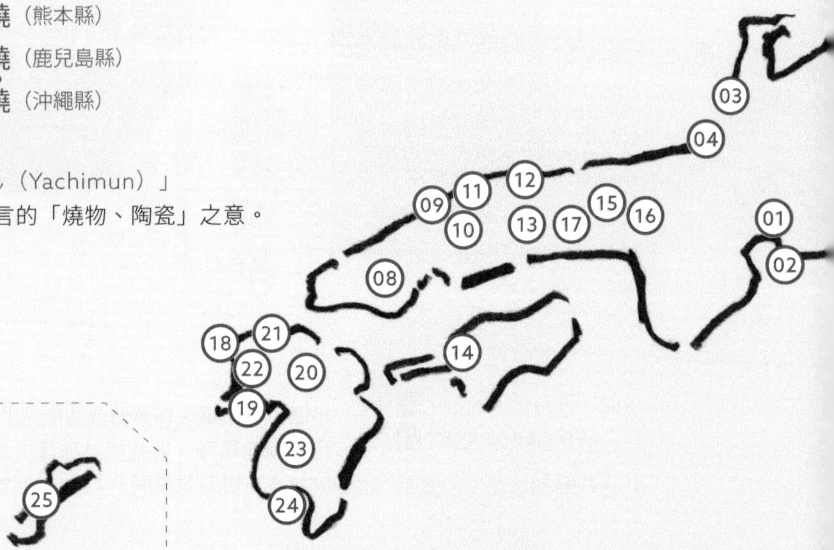

協力藝廊

在此介紹協助本書出版的藝廊。
能扎根於生活，越使用越有感情的器皿們，
都是透過藝廊店主精準的眼光去挑選出來的。
不管是哪一家，都以合理的價格販售著。
雖然是滿溢著美感意識的空間，
但並沒有很高的門檻。
有機會請務必親自造訪，
透過對話去尋找屬於自己的器皿吧。

九段下　生活的器皿 花田　暮らしのうつわ 花田

DATA　東京都千代田区九段南 2-2-5 九段大樓 1・2F
Tel：03-3262-0669 ／ Fax：03-3264-6544
URL：www.utsuwa-hanada.jp
營業時間　10：30 ～ 19：00
※ 國定假日為 11：00 ～ 18：30
展覽活動期間則照常營業
公休日　週日 ※ 展覽活動期間則照常營業

1977 年創業。女性雜誌和專門雜誌的編輯也時常前來尋求建議，是值得信賴的存在。以「料理為主角，器皿為配角」為主題，店主松井英輔先生總是親自拜訪作家，帶來能夠讓每天的餐桌更加有趣、豐富而多彩的器皿。透過與作家的對話，製作出的自創食器系列「MOAS」也得到很高的評價。每次為期大約兩週的企畫展，則能將符合季節的器皿使用方法提案給大家。

町田　器皿 百福　うつわ ももふく

DATA　東京都町田市原町田 2-10-14 101 室
Tel：042-727-7607
URL：www.momofuku.jp
營業時間　中午～ 19：00
公休日　週日・週一・國定假日

從事過住宅設計和訂製家具的工作後，店主田邊玲子小姐一邊帶著「想要將手作物件的好，推廣給更多人知道」這樣的想法，一邊開始經營藝廊。像是自家空間般舒心的空間中，擺設著美麗的作家器皿和日式食器。另外也會開辦天野志美小姐的金繼教室和榊麻美小姐的盆栽教室。

神樂坂 **KOHARUAN** コハルアン

DATA　東京都新宿区矢来町 68 URBAN STAGE 矢来 101
Tel：03-3235-7758
URL：www.room-j.jp
營業時間　12：00～18：00
※ 週日・國定假日・展覽最終日～17：00
公休日　週一・週二・週三
※ 如遇國定假日則照常營業

店主 Hiro Haruyama（はるやまひろたか）先生在從事百貨公司的工作之後，開始經營藝廊。透過親自走訪全日本找尋到的器皿和工藝，希望將美麗而愉悅的日本手工藝傳達給更多人。常設空間擺放了以日常使用為前提，具有表情的器皿。小展覽室則以兩週為期，透過 Haruyama 先生獨特的觀點，舉辦飾品或藝術等作品的企畫展。

吉祥寺 **mist ∞** ミスト

DATA　東京都武蔵野市吉祥寺北町 1-1-20
藤野大樓 3F
Tel：0422-27-5450
URL：www.misto.jp
營業時間／公休日　各展覽之營業時間及公休日有所不同，請依網站公告為準

mist ∞ 於 2008 年設立。店主小堀紀代美小姐在 20 年以上的育兒生活中深刻體認到「構成身體的食物之重要性」。以食為中心，將簡單而健康的生活提案給大家。介紹製作出能夠長時間珍惜使用之作品的作家，以及其作品。平常不營業，每次展覽的不同陳列也是參訪時的樂趣之一。

作家作品銷售店家索引

「推薦作家 55 人」內容中銷售店家欄裡記載的號碼，請在此參照索引

001	G+OO - G plus two naughts -	g-plus-mashiko.com
002	愉快的餐桌 一也百	www.fujiya-momo.jp
003	ataW	ata-w.jp
004	BLOOM & BRANCH AOYAMA	bloom-branch.jp
005	器皿與釉	utsuwayayu.exblog.jp
006	evam eva yamanashi	evameva-yamanashi.com
007	FUKUMORI mAAch ecute 神田萬世橋	fuku-mori.jp/manseibashi（該分店已停業）
008	玄道具店	gendouguten.com
009	觀慶丸本店	kankeimaru.com
010	嘉樂土	karakudo.jp
011	木與根	kitone.jp
012	KUJIMA	kujima.com
013	MARKUS	marku-s.net
014	器○□	marukaku.jp
015	萌黃	mashiko-moegi.com
016	Meetdish	meetdish.com
017	夏椿	natsutsubaki.com
018	patina	patina-web.com
019	工藝 藍學舍	rangakusha.jp
020	魯山	ro-zan.com
021	Second Spice	secondspice.com
022	gallery studio fujino	studiofujino.com

023	趣佳 [syuca.jp]	syuca.jp
024	GALLERY 摘星館	tekiseikan.com
025	宙 sora	tosora.jp
026	富山玻璃工房 商店	toyama-garasukobo.jp
027	富山市玻璃美術館 美術館商店	toyamaglass-ms.stores.jp
028	藝廊&咖啡 帝	utsuwa.co
029	器皿與雜貨 asa	utsuwa-asa.net
030	器皿 楓	utsuwa-kaede.com
031	shizen	utsuwa-shizen.com
032	器皿藝廊 sluck	utsuwasluck.tumblr.com
033	sumica 栖	utsuwa-sumica.com
034	器皿藝廊 器皿羊	utsuwa-yo.com
035	器皿 萬器	utuwa-banki.com
036	WISE·WISE tools	www.wisewisetools.com
037	Analogue Life	analoguelife.com
038	anjico	www.anjico.com
039	千鳥	www.chidori.info
040	Ekoca	www.ekoca.com
041	器皿的店 佳乃屋	www.facebook.com/kanoyamashiko
042	回廊藝廊 門	www.gallery-mon.co.jp
043	藝廊 直向	www.hitamuki.com
044	田園調布 銀杏	www.ichou-jp.com
045	惠文社一乘寺店	www.keibunsha-books.com
046	生活的店 黃魚	www.kio55.com
047	Lion pottery	www.lion-pottery.com
048	Encounter Madu Aoyama	www.madu.jp
049	陶庫	www.mashiko.com/toko
050	matka	www.matka122.com

051 mist∞ ········ www.misto.jp
052 seto 藤 ········ setofuji.co.jp
053 galerie arbre ········ shoparbre.com
054 UTSUWA11 ········ utsuwa11.sakura.ne.jp
055 Style hug gallery ········ www.style-hug.com
056 藝廊YDS（已停業）
057 桃居 ········ www.toukyo.com
058 生活器皿 toumon ········ www.toumon.com
059 zakka 土的記憶 ········ www.tutinokioku.com
060 器皿 KU ········ www.utsuwa-ku.com
061 器皿屋 Living&Tableware ········ www.utsuwaya.net
062 ANdo（已停業）
063 ROPPONGI HILLS ART&DESIGN STORE ········ art-view.roppongihills.com/jp/shop
064 美觀堂 ········ bikando.jp
065 今古今 ········ conccon.com
066 日式食器選物店 flatto ········ flatto.jp
067 銀座 日日 ········ ginza-nichinichi.co.jp
068 housegram ········ www.housegram.jp/instagram.html
069 KOHORO ········ kohoro.jp
070 器皿與生活道具 sizuku ········ sizuku.ocnk.net/phone
071 TOKYO FANTASTIC ········ tokyofantastic.jp
072 滔滔 ········ toutou-kurashiki.jp
073 器皿 PARTY ········ utsuwa-party.com
074 Ach so ne ········ www.achsone.jp
075 DEAN & DELUCA 福岡 ········ www.deandeluca.co.jp
076 diggin' 代官山（已停業）
077 GEA ········ www.gea.yamagata.jp
078 giroya ········ www.giro-ya.com

079 器皿屋 韋駄天 ………………………… www.instagram.com/idaten.2003.111
080 器皿的店 沈丁花 ………………………… www.jinchoge.jp
081 kahahori ………………………… www.instagram.com/kahahori
082 日用雜貨・家具 minca ………………………… www.instagram.com/minca_micanmark
083 無垢里 ………………………… mukuri.iinaa.net
084 器皿 百福 ………………………… www.momofuku.jp
085 utsuwa monotsuki ………………………… www.monotsuki.com
086 工藝店 用美 ………………………… www.rakuten.ne.jp/gold/yobi
087 KOHARUAN ………………………… www.room-j.jp
088 Sara Japanese Pottery ………………………… www.saranyc.com
089 savi no niwa ………………………… saviniwa.com
090 東京都美術館 美術館商店 ………………………… www.tobikan.jp
091 季之雲 ………………………… www.tokinokumo.com
092 unum ………………………… www.unum.company
093 器皿 大福 ………………………… www.utsuwa-daifuku.net
094 生活的器皿 花田 ………………………… utsuwa-hanada.jp
095 京都 yamahon ………………………… gallery-yamahon.com
096 CRAFTS&ARTS SHOP iri ………………………… iri-mishima.com
097 Entoten ………………………… www.entoten.com
098 若葉屋 ………………………… wakabayakyoto.com
099 水玉舍 ………………………… mizutamasha.blog.fc2.com
100 yorifune ………………………… www.yorifune-magazine.com
101 glass gallery KARANIS（已停業）

- 刊登內容為 2019 年 4 月時資料。
- 店家收錄標準為至少符合以下條件之一：銷售店家與該作家「有持續的交流」、「有預計進貨」、「一年一次左右定期舉辦展覽」。
- 是否有常設品項因各店家狀況而定。敬請見諒。

作　　者	生活圖鑑編輯部	
譯　　者	蔡欣妤	
撰　　文	鈴木德子	
插　　圖	荒木美加（surmometer inc.）	
裝幀設計	李珮雯（PWL）	
責任編輯	王辰元	

日常器皿【美好生活提案1】
暮らし図鑑 うつわ

發 行 人　蘇拾平
總 編 輯　蘇拾平
副總編輯　王辰元
資深主編　夏于翔
主　　編　李明瑾
業　　務　王綬晨、邱紹溢
行　　銷　曾曉玲

出　　版　日出出版
　　　　　台北市 105 松山區復興北路 333 號 11 樓之 4
　　　　　電話：（02）2718-2001　傳真：（02）2718-1258
發　　行　大雁文化事業股份有限公司
　　　　　台北市 105 松山區復興北路 333 號 11 樓之 4
　　　　　24 小時傳真服務（02）2718-1258
　　　　　Email：andbooks@andbooks.com.tw
　　　　　劃撥帳號：19983379　戶名：大雁文化事業股份有限公司

初版一刷　2022 年 1 月
定　　價　420 元
I S B N　978-626-7044-23-0
I S B N　978-626-7044-21-6（EPUB）

國家圖書館出版品預行編目 (CIP) 資料

日常器皿 / 生活圖鑑編輯部著；蔡欣妤譯 . --
初版 . -- 臺北市：日出出版：大雁文化事業股
份有限公司發行 , 2022.1
　面；公分 . -- （美好生活提案；1）
譯自：暮らし図鑑 うつわ
ISBN 978-626-7044-23-0（平裝）
1. 食物容器 2. 工藝美術 3. 日本

427.9　　　　　　　　　　110022864

暮らしの図鑑 うつわ
(Kurashi no Zukan Utsuwa : 5980-5)
© 2020 Shoeisha Co.,Ltd.
Original Japanese edition published by SHOEISHA Co.,Ltd.
Traditional Chinese Character translation rights arranged with SHOEISHA Co.,Ltd.
in care of HonnoKizuna, Inc. through Keio Cultural Enterprise Co.,Ltd.
Traditional Chinese Character translation copyright © 2022 by Sunrise Press,a division of And Publishing Ltd.